绿手指玫瑰大师系列

人人都能轻松种植的
玫瑰月季

[日] 村上敏○著

程 石○译

长江出版传媒

湖北科学技术出版社

'香草伯尼卡'

选择易养护的玫瑰月季，
初学者也能养出美丽的花朵

如果不是园艺从业者或是高手，玫瑰月季是很难养好的，特别是对于病虫害的防治，让花友们很头疼。市面上的专业书籍很多，但专业术语又很难理解。其实，玫瑰月季的养护跟做其他事情一样——万事开头难，但只要你去了解、去尝试，就能摸清其中的门道。

在恶劣的环境条件下种植的玫瑰月季，如果不喷施农药且放任不管，很难做到四季开花。四季开花的品种不单单面临杂草和虫害的困扰，病害也会直接影响花量。但是，在管控好病虫害的前提下，只要植株还活着，随着株龄的增长，花量自然会越来越多。

日本的园艺热度一直很高，市面上的玫瑰月季品种多种多样，它们的特性也千差万别。其中有美丽但娇气的，也有可低维护的，单单看苗是看不出来的。

让我们先从容易上手的玫瑰月季品种开始种植吧。相比于以前的新手品种，近年来培育出的新品种更加容易培养，且花朵更漂亮。

在介绍这些适合初学者栽种的玫瑰月季品种时，为了方便大家更好理解，我根据栽种的环境和用途，对它们进行了分类，分别是一季开花的藤本品种、重复开花的半藤本品种和最新培育出的四季开花且更为强健的品种。

如果您觉得看完这本书，拥有玫瑰月季陪伴的生活已经唾手可得，那真是太荣幸了。

村上敏

玫瑰月季的前世今生

在欧洲进行杂交改良
是玫瑰月季在日本栽培困难的原因

玫瑰月季的栽培史已长达数千年之久。在北半球广袤的亚欧大陆上，几乎每块土地都有适应其独特气候的玫瑰月季原生种。在其后的岁月里，人们逐渐将适应本地气候的玫瑰月季园艺化。

众所周知，玫瑰月季的培育很困难。近200年来，因为环境的不同，各种玫瑰月季种间杂交，孕育出了大量的新品种。

多数玫瑰月季是在欧洲进行的改良，这让其在日本变得难以栽培。如果你在夏天去过欧洲的话，就会知道，那里的空气干燥，汗水在流下来之前会被迅速风干，人们只要走到树荫下就会倍感凉爽。

但是，日本的夏季炎热多雨，与欧洲的环境大相径庭。在这种高温高湿的环境下种植的玫瑰月季抗病性会变得很差，大量的雨水容易引发黑斑病，从而导致叶片脱落。因此，可以说在日本能够健康且茁壮成长的玫瑰月季品种，一定是世界上最容易栽培的品种。

玫瑰原本作为香料作物栽培，
美丽、强健却一季开花

玫瑰从公元前就开始被栽培，不过它最初的作用并不是用来观赏，而是作为一种作物。自古以来，人们就认为玫瑰花香具有抗菌、安神的功效，这一作用几乎占据了玫瑰的整个栽培史。

大约11世纪初，**加利卡玫瑰**的一个重要变种**药剂师玫瑰**传入欧洲。当时，为了提高花瓣的产量，香味浓郁的大朵重瓣花被选育并流传下来。同样，在15世纪，由中近东地区传入欧洲的**大马士革玫瑰**（也被称作保加利亚玫瑰'卡赞拉克'）也成了香料玫瑰的主流。

重瓣的**百叶蔷薇**及强健且容易养护的**白玫瑰**血统的加入最终奠定了欧洲玫瑰的发展基础。遗憾的是，这些玫瑰一年只开一次花，但是它们强健、易养护的优点和独特的美感是其他品种不能比拟的。

中国月季血统的加入
培育出了纯红的玫瑰

18世纪，欧洲人在东方发现了中国月季，并将其带回欧洲。这使得西方的玫瑰发生了革命性的改变。中国月季具有西洋玫瑰所没有的6个特点：①一年四季都能开花；②有浅黄色的花朵；③有像打开红茶罐时飘出的茶香味；④有的花朵在阳光照射下花瓣会变红；⑤有卷曲的剑形花瓣；⑥有保持纯红不变的花色。

药剂师玫瑰

保加利亚玫瑰'卡赞拉克'

'月月红'

异味蔷薇

顺便说一下，在约克和兰开斯特两大封建家族为了争夺英格兰王位的"玫瑰战争"中，兰开斯特家族的红玫瑰家徽并非红色，而是玫瑰粉色。学者考证其真实原型为 *Rosa gallica*，即**加利卡玫瑰**。

在东方文化及产品风靡欧洲的那个时代，红茶、瓷器等东方特有产品被源源不断地输往欧洲，同船一起抵达的中国月季**'月月红'**等品种，经过园艺杂交改良，圆了欧洲园艺师们培育"剑瓣、高心、四季开花且香气扑鼻的大朵玫瑰"的梦。可以说，这使得玫瑰（甚至是整个蔷薇属）的发展进入了顶峰期。

至今为止，玫瑰月季每每有新品种诞生，都会引发人们狂热的追求。东西方的玫瑰月季品种都不是特别难以养护，但杂交种的抗性或多或少都有一些瑕疵，而这更加激发了一代代的园艺师们培育玫瑰月季的热情。

理想中的黄玫瑰诞生
——比起健康，美更重要

19世纪，黄玫瑰的诞生引发了玫瑰界的热潮。原产于中近东干燥地区的纯黄色异味蔷薇与当时最流行的杂交长春月季成功杂交，培育出了**'金太阳'**，使得一直以来无法获得的黄玫瑰不再是

梦想。

虽然全新的色系和香味引起了人们的狂热喜爱，但是由于其无法抵抗大量雨水引发的黑斑病，还是落得了"极其脆弱"的评价，给玫瑰界带来了不少负面的影响。后期，黄色和杏色的玫瑰逐渐加入玫瑰杂交选育"大军"里，使得玫瑰育种界空前活跃。20世纪是一个育种家们追求花朵四季开放，且拥有全新的颜色、形状、香味、美感及大花量的时代。

随着杀虫剂、杀菌剂、化学肥料的兴起，它们被逐渐应用到玫瑰月季的病虫害防治工作中。但比起优秀的抗病性，育种家们更热衷于培育具有美丽花朵的品种。而在这个过程中，缺乏抗病性，花朵大小、花量、香味不稳定，花朵无法四季开放等问题都是存在的。过度使用的化学品并没有让花开得更好，反而使得玫瑰月季的抗病性问题被放大。时至今日，被人工过度干预的时代已经成了历史，强调自然生长则成了主流。

20世纪最受欢迎的
是四季开花的芳香型大花品种

到了20世纪，玫瑰月季的栽培开始普及。最先赢得人们芳心的是四季开花、有着迷人香气的大型花朵且植株整齐茂盛、习性强健的品种。杂

'金太阳'

'法兰西'

'玫兰爸爸'

'林肯先生'

交茶香月季‘法兰西’是现代月季的开山之作。

近年来，作为花坛应用的月季品种在日本广受欢迎，比如黄色的‘和平’和红色且有浓香的‘玫兰爸爸’‘俄克拉荷马’‘林肯先生’等。虽然它们不是出自同一育种家之手，但都拥有同样的亲本——黑红色月季。

紫色系和茶色系的月季在日本特别畅销，紫色系的有‘蓝月亮’‘夏尔·戴高乐’等，茶色系的有‘朱莉娅’等。也有很多在日本培育出的月季品种，如白花红边的‘圣火’，黄色、剑瓣、高心的‘天津乙女’，红茶色的‘红茶’，等等。这些月季都诞生于50多年以前，在当时可以说是集美丽与易培育于一身的品种。藤本月季也有着自己的流行趋势，但能在狭窄的庭院里常开、又能从各个角度去观赏并且适合初学者栽培是当时人们对其优秀品种的共识。

大约在50年前，人们选择栽培的月季品种多半是一季开花的‘国王’‘埃克塞尔萨’‘多萝西·珀金斯’；40年前替换成了能重复开花的‘鸡尾酒’；30年前人们会选择‘安吉拉’；20年前新宠又变成了‘龙沙宝石’。直到现在，‘龙沙宝石’依旧是日本最畅销的月季品种之一。至于日本本土培育的品种，呼声最高的应该是剑瓣、高心且美丽的‘新雪’和‘羽衣’。如今，作为引领月季新潮流而受到关注的‘绝代佳人’占据了美国月

季市场的大半份额，人气爆棚。它能在宽广的庭院里全年绽放。

对人类和环境友好，美丽与好养并存的品种开始流行

随着环境保护意识的增强，人们开始追求培育出对人和环境都很友好的月季品种。在19—20世纪，有很多强健好养的经典月季品种被培育而出。相对于大部分品种，它们兼顾了美丽与易养护的优点，但对于园艺初学者来说，养护起来还是很难的。

一般，栽培相对困难的月季有以下两种：①虽然强健但冠幅大得让人头疼的一季开花藤本月季；②虽然漂亮、能重复开花，但需要花费大量的时间和精力来维护的四季开花月季。这两种完全不同的品系以一个"月季"的名字来统称，以致人们不知如何区别对待，最终造成了困扰和对月季的误解。

从2020年开始，欧洲的公共场所已经开始严格禁止喷洒化学农药。虽然中国、日本都还没有如此严格的要求，但人们也开始追求培育低维护的月季品种。

'圣火'

'鸡尾酒'

'玫瑰花园'

'波尔多'

在日本能够健康盛开的月季
就是世界上最容易养护的月季

欧洲的月季育种公司一直致力于培育出具有更强抗病性的月季新品种。正如我们前面所说，日本气候多高温高湿，即使某款月季在欧洲表现得很好，但在日本栽培可能就不尽如人意。比如：植株可能出现抗病性变弱的情况，或是即使植株很强健，但突然藤本化而不能发挥四季开花的特性。日本大多数地区纬度虽然比欧洲低，却比欧洲要冷，所以植物的抗寒性测定是很必要的。如果不在日本进行本土化实践，就不知道它真实的表现。

想要培育出更容易养护的玫瑰月季品种，简单来说有3个方向：①改变开花次数，使其像野生种一样，每年初夏开放一次；②增大植株的株型；③提高植株的抗病性，让叶片对白粉病和黑斑病有更强的抵抗力。对于提高植株抗病性的研究发展速度很快，不过现在大多数的研究还处于增大植株株型的阶段，这类品系被定义为半藤本灌木品种。兼具①和②的是一季开花的藤本月季，这类月季的育种过程很难，但最终培育出来的品种基本都是高株型。

无农药也能正常生长，
低维护月季正式登场

目前为止，兼具四季开花、花朵漂亮、香味浓郁、株型适中这些优点的月季只有极少数。不过，还有很多易养护品种正在被培育或是已培育出但还没有推入市场，可以肯定的是它们比以前的品种更加容易养护，可以让人轻松享受月季带来的乐趣。有些品种虽然还没有达到完全不使用农药的地步，但是只需要在必要的时候喷洒几次杀菌类药剂即可，省心省力，让花友们有更多的时间去用心欣赏美丽的花朵了。

如果是在以前的话，大家可以选择'玫瑰花园''波列罗舞'等品种，但近几年来几乎不用农药也能健康生长的品种越来越多，'波尔多''一见钟情''夏莉玛'竞相登场，这些易养护的"新生代们"已经开启了一个玫瑰月季新时代。

在我所工作的京成月季园中，为了兼顾最弱的月季品种，我们会在每年的4—10月，每周施撒药剂。相比之下，我觉得工作量减少了20%左右。借此机会，还请花友们一定要去京成月季园感受下月季带来的乐趣。

'一见钟情'

'夏莉玛'

目录

'爆米花漂流'

'白色龙沙宝石'

本书的前三章为图鉴部分，介绍了即使是初学者也能轻松培养的三大月季类型。

Chapter **1** 以野生种（或原生种）为主的**一季开花藤本品种**

Chapter **2** 枝叶繁茂，长势强健，
即使在冬季重剪，春季也能开花的**重复开花半藤本品种**

Chapter **3** 最新且易培育的
重复开花的小型半藤本品种和四季开花品种

---

1 种名、品种名
野生种及其后代标注的是种名，杂交种标注的是品种名。

2 拉丁学名或品种名的英、德、法语原名
野生种标注的是拉丁学名。品种名基本上是英语，或者是育种公司所在国的标准销售名称。

3 推荐种植指数
★ ★ ★
如果养护环境适宜，放任不管植株也能正常生长。长势弱的话会很难开花，可趁花蕾还小及时去除。发现害虫也要及时清除。

★ ★
放任不管植株也能生长，养护难度中等。在温暖地区，梅雨和秋雨等多雨期前要多杀菌以应对黑斑病的侵扰。在寒冷地区，当看到新叶顶端出现花蕾时，要喷施药剂预防白粉病。

★
植株不能放任不管，养护难度最高，除了基本操作，还要定期喷洒杀菌剂（每两周一次）。

4 分类

直立树形
HT（杂交茶香 Hybrid Tea）
无法长出藤性枝条的大花且四季开花的直立性品种。

F（丰花 Floribunda）
无法长出藤性枝条的中花且四季开花的直立性品种。

M（微型 Miniature）
无法长出藤性枝条的小花且四季开花的直立性品种。

半藤本树形
S（灌木 Shrub）
半藤本品种。植株越有活力，枝条藤性越强，除一季开花的品种外，均适合作为花坛灌木培养。

SF（软枝丰花 Soft Floribunda）
中花且四季开花的品种，柔软且较短的藤性枝条可以用来牵引。

SM（软枝微型 Soft Miniature）
小花且四季开花的品种，柔软且较短的藤性枝条可以用来牵引。

藤本树形
CL（现代藤本 Climbing）
藤性枝条粗壮、强健，且一定会长出新的长枝条，不适合花坛养护。

R（古老藤本 Rambler）
纤细且柔软的藤性长枝条（以一季开花品种为例），一定会长出新的细枝，但以后也会变粗壮。

Sp（原生种 Species）
原生种或野生种。

Ch（中国 China）
中国古老的四季开花品种。

※Type（类型）参照品种所在章节中的归类。

---

5 开花习性
一季开花 花朵只在春季开放。
四季开花 如果环境和气温适宜，花朵四季都会开放。
重复开花 春季持续开花，后续不定期复花。秋季也能开花。

6 花色
会随着季节、环境、花开的不同阶段发生变化。

7 花径（日本关东地区的标准）
以春花为标准。夏花变小属于正常情况。

8 株高 植株的高度或藤性枝条的长度。

9 育种信息 包括育种公司（或育种家）、培育国家及推出年份。

10 香味 有强香、中香、弱香、微香之分。

11 寒冷地区 指枝条在寒冷地区是否可以伸展。

12 盆栽
指植株的株型和尺寸适合盆栽及其适用的构造物。

13 地栽
指植株的株型和尺寸适合地栽及其适用的构造物。

14 适合月季牵引造型的花架及其尺寸

1 '弗洛伦蒂娜' ⑰ᵛᵖ
2 'Florentina'
3 ★ ★ ★

4 分类 S Type 1
5 开花习性｜重复开花 **6** 花色｜红色
7 花径｜7~9cm **8** 株高｜2~3.5m
9 育种信息｜科德斯月季公司（德国），2011年
10 香味｜微香 **11** 寒冷地区｜枝条可以伸展

这个品种即使放任不管，也能缓慢地健康生长。在光照充足的情况下，花朵会呈现耀眼的红色，非常美丽。虽然在半阴环境下也能开花，但还是建议把它种植在光照充足的地方。2016年通过 ADR 认证。

栽培要点
枝条粗壮但很柔软，易于弯曲牵引，在 2m 高的位置横向牵引能最大限度增加花量。由于枝条数量足够多，即使笔直向上牵引，略加修剪和调整，也能得到从根部到枝头密密麻麻的花朵。鉴于其巨大的花量，不适合将其牵引至高 1m 以下的栅栏，若是想打造拱门造型，建议拱门的宽度是 1.8m 左右。

12 盆栽   地栽
13

类型	⌢ 拱形架	⋀ 尖塔形花柱	▦ 栅栏	ⱳ 网格花架
	宽度	有效高度	高度 x 宽度	高度 x 宽度
盆栽 A	—	0.9~1.1m	—	(0.6~1)m×(0.5~0.8)m
盆栽 B	1~1.2m	1.1~1.4m	—	(1~1.5)m×(0.5~0.9)m
地栽 C	1~1.2m	1.4~1.8m	—	(1.8~2m)×(0.5~0.9)m
地栽 D	1.2~1.5m	1.8~2.2m	1.8m×(2~3)m	(1.8~2m)×(0.9~1.5)m
地栽 E	1.5~2m	>2.2m	2m×(3~5)m	—
地栽 F	—	—	1.2m×(3~4)m	—

※ 高度不包括掩埋部分和装饰部分。
※ 尖塔形花柱有效高度＝全长－掩埋部分－（装饰部分＋0.1m）。
文中字母后有 * 标记的指一季开花的品种枝条在夏季之前修剪后可以牵引至花架上，例如：**B***

⟨PVP⟩ 带有 PVP 标志的品种已经在日本农林水产省登记了的品种，或者品种已经公布了登记申请。未经登记者许可，不得擅自繁殖、销售树苗。

® 注册商标
TM 商标（与是否登记注册无关）

ADR 认证
ADR (Allgemeine Deutsche Rosenneuheitenprüfung) 是指在德国进行的一项月季观赏性和抗性的评估测试。在遍布德国的 11 个测试站（苗圃）进行为期 3 年的测验，其间不使用药剂，冬季不进行任何保护并任其自由生长，评委会对测试品种的观赏性、耐寒性、抗病虫害能力进行评估。只有表现卓越的月季品种才能通过 ADR 认证。通过 ADR 认证的品种可以说都是易养护且低维护的品种。

'弗朗索瓦·朱朗维尔'

可大面积攀爬的
藤本月季

'阿尔贝里克·巴比尔'

'Albéric Barbier'

★ ★ ★

分类	R　Type 1		
开花习性	一季开花	花色	白色
花径	5~6cm	株高	3~6m
育种信息	阿尔贝里克·巴比尔（法国），1900年		
香味	中香	寒冷地区	枝条可以伸展

　　枝条柔软而细长，密密麻麻的小花开满枝头，十分优雅。由于垂枝也能开花，因此要把植株主体部分牵引到视线高度以上，以便体验更好的观赏效果。

栽培要点

　　和'弗朗索瓦·朱朗维尔'一样具有日本光叶蔷薇血统，枝条柔软，很容易向下生长。植株基部会萌发大量新枝，因此要定期牵引，防止植株形态变得杂乱。由于细枝条很容易被折断，牵引的时候要格外注意。另外，老枝条虽然柔软但随着年龄的增长也会变得很粗壮。合理调整小枝的位置能让整体的观赏效果更加出色，是一款养护相对简单的月季品种。

盆栽 B* AB* AB*　　地栽 CD* CD* C* D*EF

'弗朗索瓦·朱朗维尔'

'François Juranville'

★ ★ ★

分类	R　Type 1
开花习性	一季开花　花色 粉色

┆分类┆R　Type 1
┆开花习性┆一季开花　┆花色┆粉色
┆花径┆5~6cm　　　┆株高┆3~6m
┆育种信息┆阿尔贝里克·巴比尔（法国），1906年
┆香味┆中香　　　　┆寒冷地区┆枝条可以伸展

　　这是一款为数不多的枝条即使下垂也能继续伸展的月季品种。花朵散发出的柔和甘甜的茶香让人心旷神怡。藤枝能持续伸展到秋季，覆盖面积大，初夏时分便可得到可观的花量。另外，如果要在夏季之前持续修剪枝条，建议将它牵引到小型拱门上进行打理。由于垂枝也能开花，因此要把植株主体部分牵引到视线高度以上，以便体验更好的观赏效果。枝条又细又软，方便牵引的同时也容易折断，所以要格外小心。

栽培要点 ─────────

　　与'阿尔贝里克·巴比尔'相同。

盆栽 B* AB* AB*　地栽 CD* CD* C* D*EF

'保罗的喜马拉雅麝香'

'Paul's Himalayan Musk Rambler'

★ ★ ★

分类	R　Type 1		
开花习性	一季开花	花色	粉色
花径	4~5cm	株高	3~6m
育种信息	乔治·保罗（英国），1899 年		
香味	弱香	寒冷地区	枝条可以伸展

　　樱花一样的小花像瀑布一样倾泻而下，姿态迷人。植株非常强健，枝条柔软而纤细，即使放任不管也能茁壮生长。枝条在夏季之前可持续修剪，以控制植株形态。花朵在视线高度以上绽放，建议将其牵引至大型拱门或者凉棚上。

栽培要点

　　这个品种细枝的开花性很好，纤细的枝条向上生长，最终会因无法承受自身的重量而下垂。若想控制冠幅，可持续修剪从 7 月开始长出的枝条，以增加细枝的数量。纤细柔软的枝条在牵引时可能会缠在一起，可将长枝作为主体提前捆扎固定，然后逐步整理。

盆栽 ⌒ B* ⋀ AB* 🧺 AB*　　地栽 ⌒ CD* ⋀ CD* 🧺 C* ⊞ D*EF

金樱子

Rosa laevigata

★ ★ ★

分类	Sp　Type 2

分类 Sp　Type 2
开花习性 一季开花　花色 白色
花径 6~8cm　株高 2~4m
育种信息 野生种
香味 中香
寒冷地区 极寒地区枝条无法伸展

　　单瓣的白色大花朵在春季尽情地绽放。植株强健，藤枝长，很容易覆盖整个花园。拥有半常绿性、3 枚革质小叶的特征，即使不开花也很容易分辨。

栽培要点

　　金樱子是最强健的藤本蔷薇之一，极其耐热，只有天牛和寒冷气候是它的敌人。我从未见过它被疾病侵害成"病秧子"，也没见过它遭虫啃食叶片变成"光杆司令"。比起栽培，修剪护理的操作更为复杂。由于其生长迅速，7 月之前要持续修剪，以抑制其庞大的冠幅；选择攀爬对象时要选择大型树木，否则枝条会抢占小树的营养，影响小树的长势。另外，成熟植株的枝干会长得很粗壮，不易牵引，因此最好在生长期进行牵引。

地栽 ⌒ D 🏁 EF

重瓣黄木香

Rosa banksiae f. lutea

★ ★ ★

分类	R　Type 2		
开花习性	一季开花	花色	黄色
花径	2~3cm	株高	3~6m
育种信息	不详（中国），1824年左右被发现		
香味	微香		

　　重瓣黄木香是蔷薇科蔷薇属的一种攀缘灌木，基本无刺，小小的黄色花朵成群开放，绚丽夺目，是木香组中香味最淡的一种。

栽培要点

　　重瓣黄木香在极寒地区种植容易被冻死，在亚热带地区不易开花、只长藤。由于重瓣黄木香的发芽期较早，枝条又细又长，花朵多在细枝上开放，加上又是一季开花的品种，如果在修剪时去掉了部分花芽，花量也会相应减少，因此要尽量提早进行牵引，仔细养护这些细枝。随着时间的推移，枝条会长得越来越粗壮，变得不易弯曲。

盆栽　B*　AB*　AB*　ABC　地栽　CD*　CD*　C*　D*EF

单瓣黄木香

Rosa banksiae f. lutescens

★ ★ ★

分类	R　Type 2		
开花习性	一季开花	花色	黄色
花径	2~3cm	株高	3~6m
育种信息	中国原生种		
香味	中香		

单瓣花，单朵花的花期短，香味中等，枝条基本无刺。清秀的黄色花朵群开的时候特别可爱，很适合自然风的庭院。

栽培要点

　　与重瓣黄木香相同。

盆栽 ⌒ B* 木 AB* ⊟ AB* ▦ ABC　地栽 ⌒ CD* 木 CD* ⊟ C* ▦ D*EF

重瓣白木香

Rosa banksiae var. albo-plena

★ ★ ★

分类	R　Type 2		
开花习性	一季开花	花色	白色
花径	2~3cm	株高	3~6m
育种信息	原变种（中国）		
香味	中香		

　　如果喜欢有香味的木香，重瓣白木香是个很好的选择，同时刺也非常少。

栽培要点
　　与重瓣黄木香相同。

盆栽　B°　AB°　AB°　ABC　　地栽　CD°　CD°　C°　D°EF

单瓣白木香

Rosa banksiae var. normalis

★ ★ ★

分类	R　Type 2		
开花习性	一季开花	花色	白色
花径	2~3cm	株高	3~6m
育种信息	原变种（中国）		
香味	中香		

　　花期较短，枝条刺量正常。花朵群开时香味很浓郁。如果周围有大树可供攀爬牵引，亦能欣赏到优美、壮观的景色。

栽培要点
　　与重瓣黄木香相同。

盆栽　B°　AB°　AB°　ABC　　地栽　CD°　CD°　C°　D°EF

'西班牙美女'

'Spanish Beauty'

★ ★ ★

分类	CL　Type 2		
开花习性	一季开花	花色	粉色
花径	约13cm	株高	2~3m
育种信息	多特（西班牙），1929年		
香味	强香	寒冷地区	枝条难以伸展

拥有优雅的波浪形花瓣和夺目的大型花朵，姿态娇羞而清爽。盛开时可尽情享受被芳香包围的幸福感。

栽培要点

只在初夏盛开一次，由于花朵垂头盛开，所以非常适合牵引至视线高度以上的拱门、凉棚和墙面。

地栽

'格兰维尔玫瑰'

Chapter 2

即使在狭小的庭院
也可以牵引的
半藤本月季

Type 1 在温暖地区，枝条不断伸长，可
以打造大型藤本造景的类型。

Type 2 在温暖地区，可以作为藤本月季
培养的类型。

Type 3 在温暖地区，既可以打造中型藤
本造景，也可以作为直立灌木培
养的类型。

Type 4 在温暖地区，既可以打造小型藤
本造景，也可以作为小型灌木培
养的类型。

'安吉拉'

'Angela'

★ ★

|分类| S　Type 1
|开花习性| 重复开花　　|花色| 粉色
|花径| 4~5cm　　　|株高| 2~4m
|育种信息| 科德斯月季公司(德国)，1988 年
|香味| 微香　　　　|寒冷地区| 枝条难以伸展

盛花期，杯状的小花可铺满一整面墙，景色极其震撼。充满活力的枝条上垂下饱满的大花串，花瓣的外侧颜色较深。

栽培要点

寒冷地区枝条难以伸展，其在诞生地德国常被用来做树篱。但在温暖地区，'安吉拉'的长势很强劲，更适合作为藤本月季来培养。从秋季开始花枝不断生长，枝条多且长，适合打造各种藤本造景，同时也可以作为直立灌木培养。

'亚斯米娜' ⓟᵛᵖ

'Jasmina'

★ ★ ★

|分类| S　Type 1
|开花习性| 重复开花　　|花色| 粉色
|花径| 6~7cm　　　|株高| 2~3.5m
|育种信息| 科德斯月季公司(德国)，2005 年
|香味| 微香　　　　|寒冷地区| 枝条可以伸展

花朵如瀑布般飘落的景色令人陶醉，花量大，飘落下的花瓣呈心形。2007 年通过 ADR 认证。

栽培要点

牵引'亚斯米娜'的重点是将其牵引到视线以上的高度。牵引到凉棚上的话，垂下的枝条会开出大量的花朵，非常美丽。为了得到更大的花量，一定要在冬季将枝条横向牵引。虽然是重复开花的类型，但花朵主要集中在春季开放。

'弗洛伦蒂娜' ⒫ᵛᵖ

'Florentina'

★ ★ ★

分类	S　Type 1
开花习性	重复开花	花色	红色
花径	7~9cm	株高	2~3.5m
育种信息	科德斯月季公司 (德国)，2011年
香味	微香	寒冷地区	枝条可以伸展

　　这个品种即使放任不管，也能缓慢地健康
生长。在光照充足的情况下，花朵会呈现耀眼
的红色，非常美丽。虽然在半阴环境下也能开花，
但还是建议把它种植在光照充足的地方。2016
年通过 ADR 认证。

栽培要点

　　枝条粗壮但很柔软，易于弯曲牵引，在 2m 高
的位置横向牵引能最大限度增加花量。由于枝条
数量足够多，即使笔直向上牵引，略加修剪和调
整，也能得到从根部到枝头密密麻麻的花朵。鉴于
其巨大的花量，不适合将其牵引至高 1m 以下的栅
栏，若是想打造拱门造型，建议拱门的宽度在 1.8m
左右。

'新雪'

'Sinsetsu'

★ ★

分类	S　Type 1		
开花习性	重复开花	花色	白色
花径	10~11cm	株高	2~3m
育种信息	京成月季园艺公司（日本），1969年		
香味	微香	寒冷地区	枝条难以伸展

　　花量多，花朵美丽且易于养护，可做成切花来欣赏，是一款广受推崇的经典品种。花后易结果实，红色的果实在秋季会变成黑色。

栽培要点

　　'新雪'的老枝虽然柔软，但不适合栽种在狭窄的场所，建议将它的枝条牵引至墙面、凉棚及大型拱门上进行造景。植株成熟后，老枝中间会冒出粗壮的新笋枝，基部枝条逐渐变少。将其作为直立灌木来培养，春季的花量依旧很大。

地栽 ⌒ ⊞

'羽衣'

'Hagoromo'

★ ★

分类	S　Type 1		
开花习性	重复开花	花色	粉色
花径	10~12cm	株高	2~3m
育种信息	京成月季园艺公司（日本），1970年		
香味	微香	寒冷地区	枝条难以伸展

　　独特的粉色卷边花瓣像羽衣一样层层包裹。花枝很长，可做成切花观赏。

栽培要点

　　'羽衣'新枝柔软，老枝较难弯曲，既可以作为灌木月季培养，也可以牵引至低矮的栅栏上制作花篱。牵引到高 2m 左右的墙面或宽 1.8m 以上的拱门上制作大型景观更能彰显其美。

地栽

'戴安娜女伯爵' ⓟⱽᵖ

'Gräfin Diana'

★ ★ ★

分类	S　Type 2		
开花习性	四季开花	花色	红色
花径	约11cm	株高	1.5~2.5m
育种信息	科德斯月季公司（德国），2012年		
香味	中香	寒冷地区	枝条难以伸展

　　花朵优美，花香扑鼻，植株强健且耐寒，是一款初学者也能安心种植的月季。枝条上刺很多，最好种植在远离过道的位置。花量大，既可以制作藤本造型，也可以剪下来做成切花装饰。2014 年通过 ADR 认证。

栽培要点

　　'戴安娜女伯爵' 是一款灌木月季，可直立培养，但枝条伸展迅速，发育健壮后会显出半藤本特性。开花枝较长，新枝柔软，易于牵引，随着年份的增长，枝条会越来越硬，建议平铺于墙面进行牵引造型，并预留足够开阔的空间。同时，最好与过道保持 1m 以上的距离。

地栽 ∩ ⊞

'樱衣' ^{PVP}

'Sakuragoromo'

★ ★

分类	CL　Type 2
开花习性 重复开花	花色 粉色
花径 7~10cm	株高 1.5~2.5m
育种信息 京成月季园艺公司（日本），2019年	
香味 微香	寒冷地区 枝条难以伸展

植株被盛开的花朵尽数覆盖，像披上了一件樱花色的衣裳，故得名'樱衣'，是为庆祝京成月季园成立 60 周年而培育的新品种。

栽培要点

枝条剪短后也能开花，并且纤细的枝条也易开花。枝条可伸展至 2m 左右，春季花量最大，景色尤为壮观。也可以作为灌木月季培养。

'龙沙宝石'

'Pierre de Ronsard'

★ ★

分类	S　Type 2		
开花习性	重复开花	花色	粉色
花径	10~12cm	株高	2~3m
育种信息	玫兰国际月季公司（法国），1986年		
香味	微香	寒冷地区	枝条难以伸展

　　这是一款人气极高的月季品种。略带绿意的花蕾逐渐变白，绽放时粉色的花瓣从里向外涌出，最终呈现圆滚滚的包状花。随着气温升高，粉红色花瓣颜色逐渐变淡。刚种下的花苗由于养分和活性不足，花瓣数量少，花色往往也很淡。

栽培要点

　　'龙沙宝石'在庭院地栽时，枝条会长得越来越粗壮且坚硬，进行牵引造型有一定难度，需要格外注意。缓慢将枝条牵引到高约 2m 的平面上，花开后的景色颇为壮观。养护过程中，如果光照和管理不到位，很难长出藤性枝条，所以尽量将其栽种在光照充足的位置。植株足够强健的话，无论株龄多大都可以爆出新的笋枝。其在寒冷地区不容易长出适合牵引的藤性枝条，作为直立灌木培养更为合适。

'白色龙沙宝石'

'Blanc Pierre de Ronsard'

★ ★

分类	S　Type 2
开花习性	重复开花
花色	白色
花径	10~12cm
株高	2~3m
育种信息	玫兰国际月季公司（法国），2005年
香味	微香
寒冷地区	枝条难以伸展

'龙沙宝石'的芽变品种。大多数情况下，花心会微微透出一点粉色，很是可爱。气温高的时候，花瓣会变成纯白色。

栽培要点

和'龙沙宝石'相同。

地栽 DE DE　DE

'皮埃尔·赫尔梅'
'Pierre Hermé'

★ ★ ★

分类	S Type 2		
开花习性	重复开花	花色	杏色
花径	9~11cm	株高	约1.6m
育种信息	安德烈·伊夫（法国），2018年		
香味	中香	寒冷地区	枝条难以伸展

春季，花朵散发的独特果香味会飘满整座花园。由于植株生长迅速，几年之后，在秋季也能有很好的表现。

栽培要点

常作为树状月季培养的'皮埃尔·赫尔梅'枝条粗硬，建议使用长2m左右且有一定粗度的园艺支柱（最好使用木柱）进行辅助，使其直立向上生长。修剪枝条，使主干的底部到顶端均有开花枝，这样，花季就能欣赏到满树的花朵。植株强健，地栽的'皮埃尔·赫尔梅'成年后可以进行无肥料、无农药培养。

'拍档'
'Partner'

★ ★ ★

分类	S Type 2		
开花习性	重复开花	花色	杏色
花径	7~9cm	株高	约1.8m
育种信息	安德烈·伊夫（法国），2020年		
香味	强香	寒冷地区	枝条难以伸展

有着浓郁果香味的花朵不停地开放，直到秋季都有花可赏。气温低的时候花色会变深，不需要怎么打理就能长得很漂亮，确实是花园的好拍档。

栽培要点

这是一款可以重复开花的大型灌木月季，可以栽种在花园的后方，增加层次感。植株抗病性强，只需要在多雨期前喷洒杀菌药剂就能保持叶片的健康，即使无肥料、无农药栽培也可以正常生长。

'照耀' ⓅⓋⓅ

'Illuminare'

★ ★ ★

分类	CL　Type 2		
开花习性	重复开花	花色	黄色
花径	8~10cm	株高	1.8~2.5m
育种信息	科德斯月季公司（德国），2016年		
香味	微香	寒冷地区	枝条难以伸展

标准的月季花蕾慢慢绽放，花姿温柔优雅。这个品种易于养护，植株不会长得过大，刺也很少，非常适合初学者栽培。2017年通过ADR认证。

栽培要点

枝条细长，开花枝多，不需要太多技巧就能牵引，适合打造花柱造型，枝条竖直向上牵引，从下到上都能开满花朵。开花时花朵呈下垂的姿态，所以应尽量将其牵引到视线以上的高度，这样才有更好的观赏效果。

'克里斯蒂安娜公爵夫人' ⓟⓥⓟ

'Herzogin Christiana'

★ ★ ★

分类	S　Type 2		
开花习性	重复开花	花色	白色
花径	约8cm	株高	1.8~2.5m
育种信息	科德斯月季公司（德国），2013年		
香味	强香	寒冷地区	枝条难以伸展

　　薄薄的花瓣重重叠叠，轻盈柔美而又不失华丽。甜美的花香如柠檬般沁人心脾。枝条少刺，易于牵引。成年植株在健康的情况下，秋季也能开花。2014年通过 ADR 认证。

栽培要点

　　枝条粗壮、不易弯曲，不适合牵引在低矮的栅栏上，使用高 2m 左右的尖塔形花架、拱形架、墙面来牵引造型，才能充分发挥它的优势，获得最佳观赏效果。地栽时，可以使用支柱进行辅助，打造出树状造型。植株强健，长势旺盛，基部能爆出很多又粗又壮的笋枝，并且小枝多，花量大。芳香的花朵主要集中在春季盛开，之后很少复花。只要枝条能够接收到充足的光照，即使周边种满了花草，第二年春季也能有很好的开花效果。

盆栽　B　B　B　　地栽　CD　CD　C　E

'蓬帕杜玫瑰'

'Rose Pompadour'

✦ ✦ ✦

分类	S　Type 2		
开花习性	四季开花	花色	粉色
花径	11~15cm	株高	1.5~3m
育种信息	戴尔巴德育种公司（法国），2009年		
香味	强香	寒冷地区	枝条难以伸展

　　花朵华丽且花量巨大，很多月季品种的夏花表现得很糟糕，但'蓬帕杜玫瑰'绝对不会让你失望。

栽培要点

　　由于树势旺盛，枝条粗硬，所以牵引操作务必谨慎且缓慢进行。

地栽 ∩ DE　⊞ E

'爱的气息' PVP

'Odeur d'Amour'

✦ ✦ ✦

分类	S　Type 2		
开花习性	四季开花	花色	粉色至紫色
花径	约8cm	株高	1~2.5m
育种信息	科德斯月季公司（德国），2018年		
香味	强香	寒冷地区	枝条难以伸展

　　花朵有着浓烈的甜香味，在光照充足的环境中花瓣呈现玫瑰粉色，在背阴处则会偏紫。即使放任不管，春季也能欣赏到很多的花朵。2018年通过 ADR 认证。

栽培要点

　　这是一款非常容易培养的月季品种，即使是竖直牵引，下半部分也能开花。新长出的细枝很容易弯曲，随后会逐渐变粗变硬，最好在高约 2m 的墙壁上缓慢牵引。花朵香味浓郁的品种通常不耐雨淋，所以最好把它种在屋檐下的窗户边，这样靠近窗户就能闻到沁人心脾的花香。

盆栽 ∩ B　⋔ B　⊎ B　　地栽 ∩ CP　⋔ D　⊎ C　⊞ DE

'达芙妮' ^{PVP}

'Daphne'

★ ★ ★

分类	S Type 2		
开花习性	四季开花	花色	鲑鱼粉色
花径	7~9cm	株高	约1.6m
育种信息	木村卓功（日本），2014年		
香味	中香	寒冷地区	枝条难以伸展

　　这款月季通常作为灌木来培养，栽植在花坛的后方；也可以作为藤本培养，打造花拱门或花柱造型。

栽培要点

　　栽培容易，植株长势相对较慢，夏季后会长出大量新枝。

盆栽 ⌒ ⋏ ⊔ B B B　　地栽 ⌒ ⋏ ⊔ ⊞ DE DE D DE

'西林克斯' ^{PVP}

'Syrinx'

★ ★ ★

分类	S Type 2		
开花习性	四季开花	花色	紫色
花径	7~9cm	株高	1.5m
育种信息	木村卓功（日本），2020年		
香味	微香	寒冷地区	枝条难以伸展

　　拥有美丽迷人的花形和花色，四季开放中型花朵，花期很长，适合剪下来做成切花观赏。

栽培要点

　　植株紧凑，通常作为灌木来培养，栽植在花坛的后方。若不修剪枝条，也可以作为藤本月季来培养。秋季枝条伸展迅速，这时修长而整齐的枝条特别适合牵引造型。

盆栽 ⌒ ⋏ ⊔ B B B　　地栽 ⌒ ⋏ ⊔ ⊞ DE DE D DE

'藤本冰山'
'Iceberg Climbing'

★ ★

分类	CL　Type 2		
开花习性	一季开花	花色	白色
花径	8~9cm	株高	2~4m
育种信息	科尔切斯特坎特育种公司(英国),1968年		
香味	微香	寒冷地区	枝条可以伸展

　　这是四季开花的丰花月季'冰山'的芽变品种,和亲本相比,'藤本冰山'更加高大且强健,虽然只有一季开花,但是花量非常壮观。成年植株会扩展至覆盖约 3m² 的面积,而后逐渐稳定下来。

栽培要点

　　'藤本冰山'老枝不容易弯曲牵引,所以牵引造型工作须趁早进行。随着株龄的增长,植株基部不再萌发新的枝条。这时,可在周边种上宿根植物或小型铁线莲等藤本植物来填补空缺。

地栽 E E

'克拉丽斯' PVP
'Clarice'

★ ★

分类	S　Type 3		
开花习性	四季开花		
花色	花心杏粉色,外侧花瓣白至绿色		
花径	4~5cm	株高	约1.6m
育种信息	坦陶月季公司(德国),2018年		
香味	微香	寒冷地区	枝条难以伸展

　　花期长,春季花量大,优美的小型花朵通常做成手捧花或切花观赏。

栽培要点

　　植株长势旺盛,直立性好,能不断长出粗硬且具有藤性的笋枝。新笋枝长出后,建议使用长 1m 以上的支柱辅助支撑,以免刮大风时笋枝从基部断裂。'克拉丽斯'的枝条不容易弯曲,牵引造型会受到一定的局限,地栽于花园中时,推荐将其作为灌木培养。秋末之前,植株会不断积蓄养分以促进分枝,在冬季对枝条进行重剪,翌年春季花量会非常大。

地栽 CD C CD DE

'格兰维尔玫瑰'

'Rose De Granville'

★ ★ ★

分类	S　Type 2		
开花习性	四季开花	花色	粉色
花径	9~11cm	株高	约1.6m
育种信息	安德烈·伊夫(法国),2010年		
香味	中香	寒冷地区	枝条难以伸展

　　卷曲的花瓣随着绽放逐渐展开,无论哪个阶段,花姿都特别可爱。盛开后花朵散发出特有的大马士革香。

栽培要点

　　这款月季的花枝一到秋季就会长得很长,若想打造树状造型,建议将它栽种在花坛的后方并定期进行修剪。若是作为藤本培养的话,可以将其牵引至墙面、拱形架或尖塔形花架上,打造出花墙、花拱门或花柱的造型。生长期内每个月喷施一次杀菌药剂即可保持叶片健康、美丽。

盆栽 ⌂ B ⋏ B ⊔ B　　地栽 ⌂ DE ⋏ DE ⊔ D ⊞ DE

'芳香微风'　('堡利斯香水')

'Brise Parfum'

★ ★ ★

分类	S　Type 2		
开花习性	四季开花	花色	淡粉色
花径	约4cm	株高	约1.8m
育种信息	恩里科·巴尼(意大利),2006年		
香味	中香		

　　春季群开的小花如盛开的樱花一样美丽,花后的果实也很漂亮,可以做成圣诞节装饰品。

栽培要点

　　植株生长旺盛,任其结果实的话会抑制其生长,及时修剪残花很快就能复花。枝条多且柔韧,非常容易造型。

盆栽 ⌂ B ⋏ B ⊔ B　　地栽 ⌂ D ⋏ DE ⊔ D ⊞ DE

'路德'

'Luth'

★ ★ ★

分类	S　Type 3
开花习性	四季开花　　花色 粉色
花径	11~14cm　　株高 约1.5m
育种信息	安德烈·伊夫（法国），2019年
香味	中香

美丽的大型花朵散发着恰到好处的甜香，花姿格外迷人。

栽培要点

这款月季是'格兰维尔玫瑰'的改良品种，其细枝也能开花。保留灌木月季特性的同时，枝条不会长得太长，适合盆栽或是地栽在花坛的中间位置。

盆栽 ∩ B 🔥 B ♨ B　　地栽 ∩ DE 🔥 DE ♨ D ⊞ DE

'儒勒·凡尔纳' PVP

'Jules Verne'

★ ★ ★

分类	S Type 3		
开花习性	四季开花	花色	杏色
花径	5~7cm	株高	约1.5m
育种信息	木村卓功（日本），2020年		
香味	强香		

　　花朵虽小，却有浓郁的果香味。春季密密麻麻的小花遍布整棵植株，夏季花朵的表现也很出色，做成切花观赏能让人眼前一亮。

栽培要点

　　植株直立，枝叶茂盛，若是作为灌木培养，建议栽种在花坛的中央或后方。作为藤本培养的话，可以逐步牵引至花架或墙面上。抗病性强，无农药栽培也有很好的表现。

'灰姑娘' PVP

'Cinderella'

★ ★

分类	S Type 3		
开花习性	重复开花	花色	粉色
花径	7~9cm	株高	1.5~2.3m
育种信息	科德斯月季公司（德国），2003年		
香味	微香	寒冷地区	枝条难以伸展

　　拥有完美的花形和花色，枝条横向牵引后，从各个方向都能欣赏到美丽的花朵。

栽培要点

　　'灰姑娘'既可作为灌木培养，也可以作为藤本培养。植株长势不会过于强劲，枝条也不会长得过长，一般情况下会自然长成枝条稍长的小灌木。相比作为灌木培养，作为藤本培养能得到更大的花量，适合牵引至高约1.8m的柱形花架、宽约1.8m的拱门或高约1.5m的栅栏。

'橘园' ^{PVP}
'Orangerie'

★ ★ ★

分类	S　Type 3		
开花习性	重复开花	花色	橘红色
花径	8~10cm	株高	1.3~2m
育种信息	科德斯月季公司（德国），2015年		
香味	微香	寒冷地区	枝条难以伸展

　　花朵虽小但花色鲜艳，能为花园营造出充满活力的氛围。花量不大但花期长，并且很容易养护。

栽培要点

　　任植株自由生长最终会长成枝条稍长的小灌木。枝条直立，很难弯曲，如果想要花朵开得密集的话，推荐作为灌木培养。

盆栽　⋏ ⊎　　AB　B　　地栽　∩ ⋏ ⊎ ⊞　C　C　C　D

'淡雪'
'Awayuki'

★ ★

分类	S　Type 3		
开花习性	重复开花	花色	白色
花径	约4cm	株高	0.6~2m
育种信息	京成月季园艺公司（日本），1990年		
香味	微香	寒冷地区	枝条难以伸展

　　有着洁白清新的花朵，虽然会重复开花，但盛花期主要集中在春季。

栽培要点

　　枝条柔软，容易牵引（可以横向牵引），适合在较低的墙面或栅栏等小空间里造型。作为灌木培养的话，无须牵引，修剪成直径 1m 左右的圆顶状树也别有一番情趣。

　⋏ ⊎　A　A　　∩ ⋏ ⊎ ⊞　C　C　C　F

‘浪漫艾米’ PVP

'Amie Romantica'

★★

分类 CL　Type 3
开花习性 四季开花　花色 粉色
花径 7~8cm　株高 1.5~2.5m
育种信息 玫兰国际月季公司（法国），2010年
香味 中香　寒冷地区 枝条难以伸展

花色迷人、花姿优雅，盛开时散发扑鼻的香气。开花枝很短，打造成藤本造型十分美观，剪下来做成切花观赏也特别可爱。

栽培要点

植株强健，枝条多而柔软，细枝也能开花且复花性很好。相较于打造大面积花墙或是牵引至高处，‘浪漫艾米’更适合用来制作高约 2m 的花柱或是牵引至宽约 1.5m 的拱形架（拱形架的另一侧建议栽种长势更快的品种）。在低矮的栅栏等小空间里造型也有很好的观赏效果。要想花开得更好，在栽种的第一年须及时剪掉花蕾，否则幼树开花会影响植株后续的生长。

盆栽 B B B　地栽 CD CD C D

'爱玫胭脂' ^{PVP}

'Rouge Meilove'

✹ ✹

分类	F　Type 3		
开花习性	四季开花	花色	红色
花径	8~10cm	株高	1.5~2.5m
育种信息	玫兰国际月季公司（法国），2008 年		
香味	微香	寒冷地区	枝条难以伸展

拥有优美花形的中型花，花量大，花枝很短，可以打造出漂亮的藤本造型，但不适合做成切花。花后易结果实，为了促进复花，须及时修剪残花。2004 年通过 ADR 认证。

栽培要点

植株的开花性很好，但由于开花消耗了一定的能量，枝条不容易长长。要想将其作为藤本培养，在栽种的第一年须及时摘掉花蕾以积蓄营养，促进枝条生长。枝条虽多，但细枝很难开花，牵引时要以粗枝为主，且几年之后，枝条不容易弯曲，建议牵引至高 1.8m 左右的墙面和拱形架。植株可以作为直立灌木培养，但树势很容易变弱。

地栽 ∩ ⋔ ⨈ ⊞
　　D　D　C　E

（译者注：这款月季在日本推出的名称为‘蒙娜丽莎的微笑’。）

'香草伯尼卡' ^{PVP}

'Vanilla Bonica'

★ ★

分类	S Type 3		
开花习性	四季开花	花色	白色
花径	6~7cm	株高	1.3~2m
育种信息	玫兰国际月季公司（法国），2006年		
香味	微香	寒冷地区	枝条难以伸展

随着春季的到来，花朵竞相开放，花色从奶油色逐渐变成白色，花量很大，开花时非常漂亮，直到晚秋都能反复开花，此时花色会变成深黄色，非常美丽。单朵花的花期很长，即使下雨，花瓣上也不容易出现斑点，观赏期较长。

栽培要点

'香草伯尼卡'拥有自然的灌木树形，打理起来不怎么费事。如果想要自己动手修剪的话，可以在冬季将枝条剪短 30cm 左右，做成小型的直立树形。当然，如果不做修剪，枝条伸长后可以打造藤本造型，享受牵引、造型的乐趣。

盆栽 Ⓐ　　　地栽 Ⓓ Ⓒ Ⓓ Ⓔ

'汉斯·戈纳文玫瑰'

'Hans Gönewein Rose'

★ ★

分类	S　Type 3		
开花习性	四季开花	花色	粉色
花径	6~8cm	株高	1.5~2m
育种信息	坦陶月季公司（德国），2009 年		
香味	微香	寒冷地区	枝条难以伸展

　　这款月季是少数无论从哪个角度观赏都特别美丽的品种之一。圆圆的可爱花朵在清爽的嫩绿色枝条上盛开，给人一种特别清纯的感觉，群开时的美丽花姿更是让人叹为观止。由于是四季开花的品种，因此养得越久，开花效果越好。

栽培要点

　　植株在健壮的状态下会长出藤性枝条，无论是作为灌木还是藤本培养，都有很好的观赏效果。但是，放任不管的话，藤性枝条则很难长出。在多雨期来临前和多雨期期间，可喷施预防黑斑病的杀菌剂和液体肥料来增强植株长势。由于花枝较长，作为藤本培养时建议栽种在与过道保持 1m 左右距离的地方。

盆栽 AB　　地栽 D C C D

'玛丽娅·特蕾莎' ⓅⓋⓅ

'Maria Theresia'

★ ★ ★

分类	F　Type 3		
开花习性	四季开花	花色	粉色
花径	6~8cm	株高	1.5~2.5m
育种信息	坦陶月季公司（德国），2003年		
香味	微香	寒冷地区	枝条难以伸展

花如其名，它和奥地利女大公玛丽娅·特蕾莎一样，美丽又坚韧。优雅的花朵能经受住风雨和霜冻的侵袭，单朵花的花期很长，花瓣不会散落一地，在颜色变差以后再剪掉花朵也无妨。

栽培要点

'玛丽娅·特蕾莎'结合了四季开花和即使放任不管也能强健生长的特性。作为藤本培养时，经常修剪枝条反而会徒长不开花，不适合喜欢经常打理的人。枝条坚硬，不易弯曲，可以缓慢将其牵引到高 2m 左右的墙面上。待枝条长长、体力增强后，可在冬季将其修剪成小型直立灌木树形。

盆栽 Ⓐ Ⓦ_B　　地栽 Ⓓ Ⓐ_D Ⓦ_C

'夏莉玛' ^{PVP}

'Shalimar'

★ ★ ★

分类	F　Type 3	
开花习性	四季开花	花色 粉色
花径	7~9cm	株高 1.3~2m
育种信息	木村卓功（日本），2019年	
香味	中香	寒冷地区 枝条难以伸展

中型的花朵有着迷人的香味，花量大，非常适合在花坛中种植，建议和各种宿根草本植物搭配，营造更佳的观赏效果。

栽培要点

'夏莉玛'是一款丛生灌木月季，秋季会长出长长的花枝，建议种在花坛的后方，养护几年后还可以打造藤本造型。植株强健，几乎可以进行无肥料、无农药养护。

盆栽 ⋏ A ⋏ A ⊔ | 地栽 ⌒ C ⋏ C ⊔ C

'玫瑰女伯爵玛丽·亨丽埃特' ^{PVP}

'Rosengräfin Marie Henriette'

★ ★ ★

分类	S　Type 3	
开花习性	重复开花	花色 粉色
花径	9~11cm	株高 2~2.5m
育种信息	科德斯月季公司（德国），2013年	
香味	强香	寒冷地区 枝条难以伸展

这是一款大花月季，优雅的花朵散发出浓郁的果香味。像这样花朵又大又美的品种市面上并不多见，因此格外珍贵。由于花朵很大，花量则不是很大，枝条具有半藤性，笔直向上牵引的话，枝条从下到上都能开花。2015 年通过 ADR 认证。

栽培要点

比起作为灌木培养，藤本培养能达到更好的开花效果，牵引至高 2m 左右的细长尖塔形花架或栅栏上尤为壮观，并且枝条不会一直伸展，易于打理。虽然花量不大，但正是因为没有那么多的花朵，植株能更健壮地成长。抗病性也非常好。

地栽 ⌒ D ⋏ D ⊔ C ⊞ E

'红色达·芬奇'

'Red Leonardo da Vinci'

★ ★ ★

分类	S　Type 3		
开花习性	四季开花	花色	红色
花径	8~9cm	株高	1.5~2m
育种信息	玫兰国际月季公司（法国），2003 年		
香味	微香	寒冷地区	枝条难以伸展

开花枝短，花量大，花朵密集，耀眼的红色花朵盛开时格外壮观。植株强健，非常适合初学者栽培。虽然没什么香味，但是单朵花的花期长，花朵不易变形，可长时间观赏。秋花的表现也很好。花色变差就可以剪掉花朵，花瓣不会四处散落。2005 年通过 ADR 认证。

栽培要点

植株随着生长会慢慢长出粗壮的长枝条，但是枝条过硬，不适合用来打造藤本造型。每年冬季进行修剪，可以将其打造成标准且粗壮的灌木月季，当然，这也意味着以后很难长出坚硬的长枝条。

'小红帽'

'Rotkäppchen'

★ ★

分类	F　Type 3		
开花习性	四季开花	花色	红色
花径	6~8cm	株高	1.2~2.5m
育种信息	科德斯月季公司(德国)，2007年		
香味	微香	寒冷地区	枝条难以伸展

　　花色深红，着实迷人，花瓣质地坚实，不易褪色，观赏性极佳。花枝很短，作为直立灌木培养时，花朵群开的场景非常漂亮。在保证健康的前提下任其自由生长，秋季会长出柔软而细长的藤性花枝。作为藤本培养，植株可以长成很大一棵，和作为灌木培养相比，简直不像是同一个品种。

栽培要点

　　若要牵引，最好在枝条变硬之前的 12 月将枝条横拉，低处的枝条也可以同步牵引，这样春季能达到最佳的开花效果。枝条随着年龄的增长会变得坚硬而难以弯曲，因此，牵引至高 2m 左右的平面打造花墙是既容易操作、效果又好的方式。

地栽 ∩ 人 ⊞
　　　D　D　E

'斯帕里肖普玫瑰村'

'Rosendorf Sparrieshoop'

✦

分类	S　Type 3		
开花习性	四季开花	花色	粉色
花径	约10cm	株高	1~3m
育种信息	科德斯月季公司（德国），1989年		
香味	微香	寒冷地区	枝条难以伸展

　　这款月季在欧洲通常被作为四季开花的花坛月季栽培，也可作为藤本来培养。粉色的花朵不断开放，即使在秋季也能开出密密麻麻的花朵，弥足珍贵。花瓣虽少，但花朵很大，单朵花的花期也很长，给人以极大的满足感。相比作为灌木培养，作为藤本的它能发挥出更大的观赏价值。品种名源于科德斯月季公司苗圃所在地。

栽培要点

　　这款月季的枝条寿命很长，虽不易抽出长藤条，但年复一年地生长也能变得枝繁叶茂。植株容易结果，须及时修剪残花，保留养分。另外，这款月季易感染黑斑病，从而导致叶片枯黄掉落，须每月至少喷洒一次杀菌剂。

'藤本乌拉拉' ^{PVP}

'Urara, Cl.'

★ ★

分类	CL　Type 3
开花习性	四季开花	花色	桃红色
花径	7~10cm	株高	2~3m
育种信息	京成月季园艺公司（日本），2013年
香味	弱香	寒冷地区	枝条难以伸展

　　这款月季是'乌拉拉'的芽变品种，花枝很短，花朵密集。通常情况下，芽变成藤本的品种多为一季开花，但是'藤本乌拉拉'却能够很好地复花，非常适合种植在狭窄的空间里。桃红色的花朵具有强烈的视觉冲击力，很适合用来给花园增添活力。香味虽淡，但群开时亦很香。

栽培要点

　　由于经常复花，枝条长势相对较慢，但可观的数量使它能够轻松驾驭各种造型。旧枝条不易弯曲，不适合强行拿弯。

盆栽　B　B　　地栽　CD　CD　C　D

'奥利维亚·罗斯·奥斯汀'

'Olivia Rose Austin'

★ ★

分类	S　Type 3		
开花习性	重复开花	花色	粉色
花径	8~10cm	株高	1.5~2.5m
育种信息	大卫·奥斯汀月季公司（英国），2014年		
香味	中香	寒冷地区	枝条难以伸展

花形优雅，带有透明质感的粉色花朵在春季不停开放，令人陶醉。花香淡雅，似清爽的果香，单朵花的花期很短，很快就会凋谢，适合地栽并给其足够的空间伸展枝条，剪下来做成切花也是装点居室的好配饰。

栽培要点

植株很健壮，多次施肥就能长得很好。但养护得越好，反而藤枝越多、开花越少。作为灌木培养，抑制长势就很容易复花。

'宇宙'

'Kosmos'

★ ★

分类	F　Type 3
开花习性	重复开花
花径	约8cm
育种信息	科德斯月季公司（德国），2006年
香味	中香

花色	白色
株高	0.7~2m
寒冷地区	枝条难以伸展

层层叠叠的美丽花朵散发着清爽的香气。植株健康易打理，纵向伸展的枝条又细又长，即使在狭窄的空间也能种植。2007年通过ADR认证。

栽培要点

最能展现'宇宙'迷人姿态的造型要属尖塔形花柱了。娇羞的花朵低头绽放，因此最好牵引至视线高度以上。藤枝虽然伸展较慢，但是直立牵引也能很好地开花。如果想让它快速生长，建议及时摘蕾并施加液体肥料（庭院种植建议施用有机液体肥料）。

地栽 ⌒ 人 ⊔
　　　C　C　C

'腮红玫瑰'

'Rose Blush'

★ ★ ★

分类	S　Type 4
开花习性	重复开花
花径	11~14cm
育种信息	安德烈·伊夫（法国），2018年
香味	强香

花色	淡粉色
株高	约1.6m
寒冷地区	枝条难以伸展

春季会盛开许多芳香且可爱的莲座状大花朵。植株成年后，秋季也能开花。

栽培要点

植株强健，抗病性强，可进行有机栽培。作为灌木培养时建议种在花坛的后方；作为藤本培养推荐在墙面等处缓慢牵引。

盆栽 人 ⊔　　　地栽 人 ⊔
　　A　A　　　　　C　C

'罗莎莉 · 拉莫利埃' ^{PVP}

'Rosalie Lamorlière'

★ ★

分类	S　Type 4
开花习性	四季开花	花色	樱花粉色
花径	约6cm	株高	约1m
育种信息	玫兰国际月季公司（法国），2014年
香味	微香

　　这个品种是"凡尔赛"玫瑰系列之一。花瓣呈可爱的樱花粉色，仔细观察还可以看见细小的花纹。由于一枝上有多个花蕾，所以能够长时间开放。叶片像野蔷薇一样柔软、茂盛，给人一种自然而柔和的感觉。

栽培要点

　　植株健壮，枝繁叶茂，枝条不会杂乱生长，是一款低维护的品种。

'可爱玫兰' ⓅⓋⓅ

'Lovely Meilland'

★ ★

分类	S　Type 4		
开花习性	四季开花	花色	粉色
花径	6~8cm	株高	0.8~1.2m
育种信息	玫兰国际月季公司（法国），2000年		
香味	微香	寒冷地区	枝条难以伸展

纤细的枝条富有弹性，可爱的粉色花朵常年开满枝头。植株不会长得太大，枝条也不会长得过长。

栽培要点

植株看起来蓬松茂盛，呈半横张树形。若养护得好，会长出稍长且较硬的枝条。

'肯迪亚·玫迪兰' Ⓟ

'Candia Meidiland'

★ ★ ★

分类	SF Type 4		
开花习性	四季开花	花色	红色
花径	7~8cm	株高	0.6~1m
育种信息	玫兰国际月季公司(法国)，2006年		
香味	微香		

　　简单的花形、鲜艳的花色给人一种可爱又充满活力的感觉。虽然树势比较强健，花量也很大，但植株并不高，适合家庭种植。养护管理简单，花后树上会结满又红又圆的果实，叶片也会变红，是一款季节感十足的月季品种。

栽培要点

　　这是一款丰花灌木月季，植株强健、枝叶繁茂，由于枝条会横向扩张，最好确保有70cm见方的栽培空间。结实性好，即使结了果实也照样能开花。如果想减轻植株负担，让其更健康，须及时剪掉花朵。

'索莱罗' Ⓟ

'Solero'

★ ★

分类	SF Type 4		
开花习性	四季开花	花色	黄色
花径	7~8cm	株高	1~2m
育种信息	科德斯月季公司(德国)，2008年		
香味	中香	寒冷地区	枝条难以伸展

　　淡绿色的叶片衬托着柠檬黄色的花朵，整棵植株给人明亮的感觉。株型紧凑、枝条纤细蓬松，花期一直持续到初冬。2009年通过ADR认证。

栽培要点

　　柔软的枝条寿命极长，可以将相对较长的枝条牵引到低矮的栅栏上，打造出四季有花盛开的景象。由于枝条会慢慢变粗，绑扎时不可过紧，在金属栅栏上牵引时，绑紧的枝条会膨胀继而断裂。

盆栽 AB A　　地栽 C C C F

'粉红漂流' ^{PVP}

'Pink Drift'

★ ★ ★

分类	SM　Type 4
开花习性	四季开花
花色	粉色
花径	约4cm
株高	约0.7m
育种信息	玫兰国际月季公司（法国），2006年
香味	微香
寒冷地区	枝条难以伸展

　　这个品种是"漂流"系列月季之一，花量巨大，像樱花一样的簇状小花四季开放。植株强健、可进行低维护管理。当然，如果定期打理花量会更大。

栽培要点

　　柔软的枝条逐渐向外围延伸，地栽时很难清除根部附近的杂草。用较大的花盆栽种会更容易打理。

盆栽 ꝛ A

'三位一体' ^{PVP}

'Trinity'

★ ★ ★

分类	S　Type 4
开花习性	四季开花
花色	白色至象牙色
花径	5~7cm
株高	约1.5m
育种信息	木村卓功（日本），2021年
香味	强香
寒冷地区	枝条难以伸展

　　纽扣眼形的小至中型花朵随着开放逐渐从白色变成象牙色，同时散发出大马士革香混合着果香的迷人气味。育种者为它取名'三位一体'，正是因为它同时拥有姿态优美、香味浓郁、简单易养3个优点。

栽培要点

　　植株长势旺盛，抗病性强，即使在恶劣的环境下也很少染病，非常适合初学者栽培。植株有一定的高度，在花园地栽时，建议栽种在中间偏后方的位置。夏季之前，其枝条的生长方式与丰花月季相似，进入秋季以后，枝条开始迅速生长。

盆栽 B B B　地栽 C C D

'童話魔法'

Chapter 3

适合花坛直立培养的
小型半藤本月季
和直立灌木月季

Type 1 大型灌木品种（株高 1.5 m 以上）

Type 2 中型灌木品种（株高 1～1.5 m）

Type 3 小型灌木品种（株高 1 m 以下）

缫丝花

Rosa roxburghii

★ ★ ★

分类	Sp　Type 1
开花习性	重复开花
花色	淡粉紫色
花径	8~10cm　　株高	1~2.5m
育种信息	中国原生种，1814年被记录
香味	微香

缫丝花在日本被称为十六夜蔷薇，这是因为过多花瓣在绽放时免不了有所残缺，就好比农历每月十六日夜晚的月亮，故而得名。

栽培要点

缫丝花的枝条会横向扩张，成熟后非常坚硬，成年植株体积可以达到 $1m^3$。但植株长势慢，如果种植空间足够大，几乎可以不做修剪。盛花期后会不定期复花。另外，冬季枝条上会孕育出很多花芽，所以最好不要在冬季修枝。

山椒蔷薇

Rosa hirtula

★ ★ ★

分类	Sp Type 1		
开花习性	一季开花	花色	淡粉色
花径	7~8cm	株高	2~5m
育种信息	日本原生种		
香味	微香		
寒冷地区	枝条勉强可以伸展		

　　日本神奈川县西南部箱根的原生种，可以作为庭院树木栽培。春季会开出很多较大的花朵，叶片类似胡椒木。

栽培要点

　　原生于山区的山椒蔷薇耐寒又耐阴，即使在寒冷地区也可以种植。植株生长缓慢，枝条坚硬，可放任其自由生长，但要注意防范天牛。栽种在寒冷地区的山椒蔷薇会攀缘在周围的树木上，可以长得很高，就像大树的伙伴。栽种于温暖地区的它只能生长至 2m 左右的高度。

'丽娜 · 雷诺' Ⓟⓥⓟ

'Line Renaud'

★ ★ ★

分类	HT　Type 2	
开花习性	四季开花	花色	粉色
花径	11~13cm	株高	约1.2m

分类｜HT　Type 2
开花习性｜四季开花　　花色｜粉色
花径｜11~13cm　　株高｜约1.2m
育种信息｜玫兰国际月季公司（法国），2007年
香味｜强香

　　植株非常强健，直立性好。花朵大而优美，花色和叶色都很鲜艳，香味浓郁，存在感十足。2006年通过ADR认证。

栽培要点

　　这款月季简单易养，多次施肥就能长得很好。但养护得越细致，反而藤枝越多、开花越少。作为灌木培养，抑制长势就很容易复花。长枝尽量在冬季重剪。

'冰山'

'Iceberg'

★ ★ ★

分类	F　Type 1		
开花习性	四季开花	花色	白色
花径	8~9cm	株高	约1.6m
育种信息	科德斯月季公司（德国），1958年		
香味	微香		

花色淡雅，群开时特别美丽，给人一种如微风拂过的清爽感。

栽培要点

枝干虽然纤细，但枝繁叶茂，枝条逐年向上生长，最终能长到1.6m左右的高度。基部不容易爆出新笋枝，推荐种在花坛的后方。

'婚礼的钟声' ^{PVP}

'Wedding Bells'

★ ★ ★

分类	HT　Type 1
开花习性	四季开花　花色 粉色
花径	12~14cm　株高 约1.6m
育种信息	科德斯月季公司（德国），2010年
香味	微香

花朵大而显眼，是这类花形的月季中最容易养护的品种。

栽培要点

植株在苗龄小且枝条少的时候，若养护得当，枝条会长得又硬又长。建议在冬季剪短枝条以促进分枝，增加枝条数量。成年后，枝条数量趋于稳定。

'伊丽莎白女王'

'Queen Elizabeth'

★ ★

分类	HT　Type 1
开花习性	四季开花　花色 亮粉色
花径	10~11cm　株高 约1.6m
育种信息	沃尔特·E.拉默特（美国），1954年
香味	微香

这是一款颇为经典的月季，世界各地均有广泛栽培。地栽时及时去除周围的杂草，植株就不容易枯萎。

栽培要点

植株直立生长，不怎么占地方。花量会逐渐增多，并不断复花。虽然很容易染上病虫害，但每年一到春季，又会像什么都没有发生一样，照常盛开迷人的花朵。

'梦幻曲' ^{PVP}

'Träumerei'

★ ★ ★

分类	S　Type 1
开花习性	四季开花　花色 粉色
花径	7~9cm　株高 约1.6m
育种信息	木村卓功（日本），2020年
香味	强香

　　娇嫩的色彩、美丽的花朵和浓郁的果香让人不禁莞尔。

栽培要点

　　植株长势旺、抗病性强，建议栽种在花坛的后方，作为大型灌木使用。每月喷施一次药物即可保持叶片健康。

盆栽 ⋏ ⊎
B B

地栽 ⌒ ⋏ ⊎ ⊞
C C C D

'橙汁鸡尾酒' Ⓟ

'Tip'n Top'

★ ★ ✦

分类	HT　Type 2		
开花习性	四季开花	花色	黄色
花径	8~10cm	株高	0.8~1.2m
育种信息	科德斯月季公司(德国)，2015年		
香味	中香		

绽放的美丽大花朵能够照亮花坛，为花园提色。株型适中，花朵有香味，适合栽种在园路旁触手可及的位置。品种名来源于一款使用橙汁调配的鸡尾酒。

栽培要点

植株直立生长，初秋后枝条会长长，若不做修剪，植株会越长越大。可在每年冬季将植株整体修剪到约 40cm 的高度。

'诺瓦利斯' Ⓟⱽᴾ

'Novalis'

★ ★ ★

分类	S　Type 2
开花习性	四季开花
花色	薰衣草色(淡粉紫色)
花径	9~11cm
株高	约1.4m
育种信息	科德斯月季公司(德国)，2010年
香味	微香

这款月季几乎不需要费心养护也能长得很好，并开出很多花。即使是新手，栽培起来也没什么压力。植株逐年长大，花量会不断增加。花瓣的前端尖尖的，具有独特的美感。2013年通过 ADR 认证。

栽培要点

枝条坚硬且笔直向上生长，适合作为灌木培养。植株长势很快，因此冬季的重剪是非常有必要的。

'绝代佳人' ⒫

'Knock Out'

★ ★ ★

分类	F Type 1		
开花习性	四季开花	花色	红色
花径	7~9cm	株高	0.9~2.5m
育种信息	威廉·J.拉德勒（美国），2000年		
香味	微香	寒冷地区	枝条难以伸展

　　花色鲜艳，红色的花朵接连盛开，几乎能从初夏一直开到初冬。虽然花瓣数量不多，花朵也没那么饱满，但不能否认它是一个优秀的品种。"绝代佳人"系列月季在美国随处可见，公园里或路边都能看见它们美丽的身影。大面积栽培更能发挥它的价值和观赏效果。

栽培要点

　　'绝代佳人'的枝条寿命很长，且每年都有新枝长出。新枝纤细、坚硬、有韧性，随着生长会逐渐变粗、变长。作为灌木培养时，须在冬季对植株修剪控形。若是不做修剪，植株可以长到 2m 左右，这时可以把它牵引到高 2m 左右的尖塔形花柱或墙面上，打造出四季开花的立体景观。

'亮粉绝代佳人' ⓅⓋⓅ

'Blushing Knock Out'

✿ ✿

分类	F　Type 1
开花习性	四季开花	花色	粉色
花径	7~8cm	株高	0.9~2.5m
育种信息	约翰·M.贝尔（美国），2004年
香味	微香

'绝代佳人'的芽变品种。盛开的花朵很像郁金香，从侧面欣赏也很有趣。

栽培要点 —————

和'绝代佳人'相同。

'弗朗西斯·玫兰' ⓅⓋⓅ

'Francis Meilland'

✿ ✿ ✿

分类	HT　Type 1
开花习性	四季开花	花色	奶油粉色
花径	13~15cm	株高	约1.8m
育种信息	玫兰国际月季公司（法国），2008年
香味	强香

充满香味的大花朵优雅地绽放，散发着混合了柑橘的大马士革香，甘甜而又清爽。枝条很长，非常适合做成切花观赏。2008年通过ADR认证。

栽培要点 —————

这款月季无须精心照料也能开得很好。相反，养护得越是细致，枝条越长、越难开花。植株往往能长得很高，但是长长的枝条即使是横向牵引也不会有很大的花量，更适合直立培养。

（译者注：这款月季在日本推出的名称为'我的花园'。）

'贝弗利' ^{PVP}

'Beverly'

★ ★ ★

分类	HT　Type 1		
开花习性	四季开花	花色	粉色
花径	11~13cm	株高	1.2~2.5m
育种信息	科德斯月季公司（德国），2007年		
香味	强香	寒冷地区	枝条难以伸展

　　迷人的花朵散发着浓郁的香味，并且花香不会很快散开，非常适合剪下来做成切花装饰居室。在温暖地区种植，即使放任不管，植株在秋季也会复花。虽然没有那么壮观，但只要悉心养护，四季都能享受花朵带来的幸福感。

栽培要点

　　健康的植株基部经常能够爆出新的笋枝。开花枝很长，枝条少刺、柔软，栽种时最好与园路保持1m左右的距离，以方便操作和通行。连续几年冬季都不对其进行修剪的话，长长的枝条也可以牵引、造型。

 地栽 ∩ D ⊞ E

'重瓣绝代佳人' ⓅⓋⓅ

'Double Knock Out'

★　★

⫶分类⫶F　Type 3
⫶开花习性⫶四季开花　⫶花色⫶亮红色
⫶花径⫶7~8cm　⫶株高⫶约0.9m
⫶育种信息⫶威廉·J.拉德勒（美国），2004年
⫶香味⫶微香

　　这个品种是"绝代佳人"系列月季之一，花瓣数量多，花朵更为饱满。植株不会长得很大，适合栽种在相对狭小的花园里。

栽培要点

　　枝条寿命很长，且每年都有新枝长出。新枝纤细、坚硬、有韧性，随着生长会逐渐变粗、变长。作为灌木培养时，须在冬季对植株修剪控形。若是不做修剪，植株会长得郁郁葱葱。

'杏子糖' ⓅⓋⓅ

'Apricot Candy'

★　★　★

⫶分类⫶HT　Type 2
⫶开花习性⫶四季开花　⫶花色⫶杏色
⫶花径⫶8~10cm　⫶株高⫶约1.5m
⫶育种信息⫶玫兰国际月季公司（法国），2007年
⫶香味⫶中香

　　花量巨大，盛开时散发淡淡的茶香。香味最盛时，还带有白桃般的水果香。即使是第一次种植，也可以在春季欣赏到许多花。并且，越是用心养护，花开得越多，非常值得种植。

栽培养点

　　植株的开花性很好，但由于开花消耗了一定的能量，花后树势相对较弱。即便粗枝多，芽点也很少。因此，冬季只剪除枯枝即可，尽量保留所有健康的枝条。

'西西里舞曲' PVP
'Sicilienne'

★ ★ ★

分类 F　Type 2
开花习性 四季开花　花色 淡黄色
花径 9~11cm　株高 约1.5m
育种信息 木村卓功（日本），2021年
香味 强香

　　春季，中到大型的淡黄色迷人花朵呈莲座状成簇盛开，散发着混合了水果和茶的芳香，清新而又浓郁。花朵就算剪下来，香味也能保持很久，非常适合做成切花。秋季，植株虽然能保持枝繁叶茂，但往往只有单头开花，花量远不如春季。

栽培要点

　　这是一款长势快、抗病性强的丰花月季，非常适合初学者栽培。即使完全不喷洒药剂，只要栽培环境适宜，植株几乎不会生病，且能持续生长。植株有一定的高度，适合栽种在花坛的后方。盆栽种植也能有很好的观赏效果。

'玛丽·雷诺克斯' PVP
'Mary Lennox'

★ ★ ★

分类 F　Type 2
开花习性 四季开花　花色 粉色
花径 9~11cm　株高 约1.2m
育种信息 木村卓功（日本），2021年
香味 强香

　　美丽的粉色中到大型花朵起初呈高心状，随着盛开，花朵逐渐呈莲座状，甚是迷人。花朵散发着混合了没药的大马士革香，盛开后花色和花形能保持很久，很适合剪下来做成切花观赏。

栽培要点

　　与'西西里舞曲'相同。

'科林·克雷文' ^{PVP}

'Colin Craven'

★ ★ ★

┊分类┊F　Type 2
┊开花习性┊四季开花　　┊花色┊淡粉紫色
┊花径┊7~9cm　　　　┊株高┊约1.3m
┊育种信息┊木村卓功（日本），2021年
┊香味┊中香

　　淡紫色的中型花朵呈莲座状逐渐盛开，散发着混合了茶与香料的香味，尖尖的波浪形花瓣甚是可爱。淡雅的花色与深邃的叶色对比，非常漂亮。单朵花的花期长，很适合剪下来做成切花观赏。

月季
图鉴
1

月季
图鉴
2

月季
图鉴
3

基本
养护
4

花境
设计
5

栽培要点

　　这是一款长势快、抗病性强的丰花月季，非常适合初学者栽培。每年在 5 次修剪工作之后喷洒杀菌剂，叶片就能维持一整年的健康、美丽。这 5 次修剪时间点分别是冬季修剪（剪至芽点处）、第一茬花开败后、第二茬花开败后、夏季修剪及秋花开败后。选择在修剪之后喷洒杀菌剂是因为修剪后植株会变小，不仅减少了工作量，也节约了成本。另外，即使完全不喷洒药剂，只要栽培环境适宜，植株几乎也不会生病，且能持续生长。就算部分叶片掉落，也能很快发芽并长出新的枝叶。植株高度中等，适合栽种在花园里的中间位置。盆栽种植也能有很好的观赏效果。修剪和施肥工作与普通的灌木月季相同。

'塞菲罗' ⓅⓋⓅ

'Céfiro'

★ ★ ★

分类	S　Type 2		
开花习性	四季开花	花色	淡杏色
花径	5~7cm	株高	约1.4m
育种信息	木村卓功（日本），2021年		
香味	中香		

温柔而小巧的花朵在枝头静静绽放，小小的叶片和红色的枝条相互映衬，更加凸显了花朵的魅力。花开后花色和花形几乎不变。

栽培要点

这是一款长势快、抗病性强的月季，非常适合初学者栽培。虽然对白粉病的抗性一般，但对黑斑病有很强的抵抗力。每年在 5 次修剪工作之后喷洒杀菌剂，叶片就能维持一整年的健康、美丽。另外，即使完全不喷洒药剂，只要栽培环境适宜，植株几乎也不会生病，且能持续生长。就算部分叶片掉落，也能很快发芽并长出新的枝叶。植株有一定的高度，适合栽种在花园中间偏后的位置。种在花盆里也能有很好的观赏效果。修剪工作与普通的灌木月季相同。施肥方面，盆栽时肥料按正常量施用，地栽时可少用一些。

'普罗米修斯之火' ⓅⓋⓅ

'Fire of Prometheus'

★ ★ ★

分类	F　Type 2
开花习性	四季开花　花色	红色
花径	5~7cm　株高	约1.3m
育种信息	木村卓功（日本），2021年
香味	微香

　　红色的中小型花朵呈莲座状成簇盛开，散发出淡淡的茶香。花开后花色和花形几乎不变。

栽培要点

　　与'科林·克雷文'相同。

'一见钟情'

'Coup de Coeur'

★ ★ ★

分类	F　Type 2		
开花习性	四季开花	花色	白色或淡粉色
花径	7~8cm	株高	约1.2m
育种信息	京成月季园艺公司（日本），2020年		
香味	微香		

　　拥有如铁线莲一般细长且尖尖的花瓣，花心处有红色放射状的线条，非常新颖。花色会随着季节的不同发生变化。枝条纤细，开花性好，可以进行无农药栽培。

栽培要点

　　植株枝繁叶茂，会不停地长出新枝，但不会长出藤性枝条。要想将其打造成直立树形，修剪控型和抑制生长是重中之重。

春花

秋花

'格雷特' (PVP)

'Gretel'

★ ★ ★

| 分类 | F Type 3
| 开花习性 | 四季开花
| 花色 | 鲑鱼粉色或奶油白色
| 花径 | 约8cm | 株高 | 约0.7m
| 育种信息 | 科德斯月季公司 (德国),2014年
| 香味 | 微香

　　落落大方的半重瓣花朵在阳光的照射下,花色会逐渐变红。厚实而有光泽的叶片即使在半日照的环境下,也能很好地获取养分,茁壮生长。

栽培要点

　　株型紧凑,不长藤枝,也不会长得太高。开花频率高,花量大,是一个极其强健的品种。

'大公夫人露易丝' (PVP)

'Grossherzogin Luise'

★ ★

| 分类 | HT Type 2
| 开花习性 | 四季开花 | 花色 | 杏粉色
| 花径 | 9~10cm | 株高 | 约1.2m
| 育种信息 | 科德斯月季公司 (德国),2017年
| 香味 | 强香

　　小巧且强健的植株上盛开着饱满的大花朵,花朵的果香味特别浓烈,给人深刻的印象。

栽培要点

　　小巧紧凑的株型与大型花朵的组合,可以说是月季里的尖端品种。由于植株不会长得太高,枝条也不会过长,所以可以轻松作为直立灌木培养,几年都可以不做修剪。

'萤火虫' ^{PVP}

'Luciole'

★ ★ ★

|分类| F　Type 3
|开花习性| 四季开花　　|花色| 黄色
|花径| 5~7cm　　　|株高| 约0.9m
|育种信息| 木村卓功（日本），2020年
|香味| 中香

　　春季，很多小型的杯状花一起在枝头盛放，花色从亮黄色逐渐变成奶油黄色，这种深浅的色彩差异非常漂亮。夏季高温期同样能开出可爱的花朵。

栽培要点

　　由于花朵会不停地绽放，建议在种植的第一年摘除全部花蕾以保证植株长势。植株相对小巧，适合盆栽或种植在花坛的前方。植株强健，非常容易培养，每月喷洒一次杀菌剂就可以保持叶片健康，也可以进行无农药栽培。

盆栽 ⋏ ⩊　　地栽 ⋏ ⩊

'安德烈·葛兰迪耶' ^{PVP}

'André Grandier'

★ ★ ★

|分类| HT　Type 2
|开花习性| 四季开花　　|花色| 浅黄色
|花径| 10~12cm　　|株高| 约1.5m
|育种信息| 玫兰国际月季公司（法国），2011年
|香味| 微香

　　这个品种是"凡尔赛"玫瑰系列之一。花朵不大，但色彩明亮、极易养护。即便是第一次种植，也能在春季欣赏到很多花。

栽培要点

　　这是一款极易养护的品种，植株不是特别高大，花后枝叶长势很快，但不能作为藤本培养。植株对黑斑病有很强的抵抗力，在多雨期来临之前便喷施预防黑斑病的药物，就能欣赏到更多的花朵。

'本·韦瑟斯塔夫' ^{PVP}

'Ben Weatherstaff'

✿ ✿ ✿

｜分类｜F　Type 2
｜开花习性｜四季开花　　｜花色｜杏色
｜花径｜9~11cm　　｜株高｜约1.2m
｜育种信息｜木村卓功（日本），2020年
｜香味｜中香

　　充满个性的花瓣色彩温柔、美感十足，四季盛开中到大型的花朵，并散发出茶混合茴芹的香味。

栽培要点

　　这是一款不施用农药也能安心养护的强健品种。株型中等，容易打理。要想枝叶健康、漂亮，多雨期提前喷洒杀菌剂即可，可以种植在花坛的前方或花盆内观赏。

'内乌莎'（'野山丘'）^{PVP}

'Neusa'

✿ ✿ ✿

｜分类｜S　Type 3
｜开花习性｜四季开花　　｜花色｜白色或淡粉色
｜花径｜3~5cm　　｜株高｜约0.8m
｜育种信息｜木村卓功（日本），2014年
｜香味｜微香

　　花朵像野花一样，清新、朴素又充满活力。春季花量很大，群花盛开之后还会长出新的花蕾，并相继绽放。花朵多为白色，有时也会有淡粉色的。秋季还可以欣赏小小的果实。香味虽淡，但随风飘散后依然沁人心脾。

栽培要点

　　植株枝叶蓬松，圆滚滚的树形非常可爱，如果环境好且养护到位的话，可以长成直径 1m 左右的球形树，很适合种植在花坛的前方。在花坛中央种植也有很强的设计感。植株强健，可进行无肥料、无农药栽培。

盆栽 🌲 A　⚱ A　　地栽 🌲 C　⚱ C

'苔丝狄蒙娜'
'Desdemona'

★ ★

分类 | S　Type 2
开花习性 | 四季开花　　花色 | 奶油白色或淡粉色
花径 | 约7cm　　　株高 | 约1.3m
育种信息 | 大卫·奥斯汀月季公司 (英国)，2015年
香味 | 中香

　　圆润且自然的花朵四季开放，但由于经常复花，植株很难长成很大一棵，可以使用花盆栽种。

栽培要点

　　相比地栽，盆栽的植物能够灵活地调整摆放位置，以获取更好的光照和通风，还能减少农药的施用量。盆栽的'苔丝狄蒙娜'能够很好地开花；地栽的话，最好每月喷洒一次预防黑斑病的杀菌剂。几年不做修剪，植株会更加强健、饱满，抗病性也会更好。

'明日香' ⓅⓋⓅ
'Future Perfume'

★ ★ ★

分类 | HT　Type 3
开花习性 | 四季开花　　花色 | 粉色
花径 | 约8cm　　　株高 | 0.8~1m
育种信息 | 科德斯月季公司 (德国)，2019年
香味 | 强香

　　粉色的花朵散发出浓郁的甜香。植株强健、抗病性好，非常容易培养。株型中等，容易打理。

栽培要点

　　植株直立性好，可以作为灌木栽种在狭窄的空间里，不适合作为藤本培养。冬季需要对枝条进行重剪。

'若望·保禄二世' ⓅⓋⓅ

'Pope John Paul II'

★ ★

┊分类┊ HT　Type 2
┊开花习性┊四季开花　┊花色┊纯白色
┊花径┊ 11~13cm　　┊株高┊约1.5m
┊育种信息┊基思·W.扎雷（美国），2008年
┊香味┊强香

　　花姿优美，洁白的花朵散发着清爽的香气。开花性好，细枝也能开花。株型中等，容易搭配和养护。白色月季通常较难打理，养护难度也大，但这个品种却是个例外。

栽培要点 ────────

　　这是一款四季开花的直立灌木月季，可用花盆栽种，也可以直接地栽。地栽时建议在生长期内每月喷洒一次预防黑斑病的杀菌剂，这样花量会更多。

'童话魔法' ⓟⱽⱽ

'Märchenzauber'

✿ ✿ ✿

|分类| F　Type 2
|开花习性| 四季开花　　|花色| 浅杏色
|花径| 8~10cm　　　|株高| 约1.3m
|育种信息| 科德斯月季公司 (德国)，2015年
|香味| 中香

　　优雅的浅杏色大花朵具有很高的观赏性，散发着混合了香草和水果的香气，清爽而又独特。植株极易打理，几乎可以放任不管，是月季里的尖端品种。2017年通过ADR认证。

栽培要点

　　'童话魔法' 的枝条很硬，会横向生长，虽然没有藤性枝条，但是修剪后可以长出较长的新笋枝。株型中等，容易打理，需要一定的栽培空间，建议作为直立灌木培养，及时修剪控型。另外，在多雨期来临前，喷洒预防黑斑病的杀菌剂能得到更大的花量。

'令之风' ^{PVP}

'Rei no kaze'

★ ★

分类 HT　Type 2
开花习性 四季开花　花色 淡紫色
花径 9~11cm　株高 约1.5m
育种信息 京成月季园艺公司（日本），2020年
香味 微香

　　淡紫色的波浪形花瓣层层叠叠，花朵姿态轻盈优雅，散发着淡淡的香气。植株非常强健，容易养护，完美继承了'诺瓦利斯'的优良特性。

栽培要点

　　植株直立性很好，不会长出藤性枝条，适合作为直立灌木培养，在狭窄的空间也可以安心种植。

'柠檬汽水' ^{PVP}

'Lemon Fizz'

★ ★ ★

分类 F　Type 3
开花习性 四季开花　花色 黄色
花径 7~8cm　株高 约0.8m
育种信息 科德斯月季公司（德国），2012年
香味 微香

　　平开的花瓣给人一种清新、自然的感觉，非常适合栽种在自然风花园或是日式庭院中。纤细结实的枝条又有一种简约的美感，使其和西式花园也很契合。2015年通过ADR认证。

栽培要点

　　植株抗病性强，容易养护。花朵不断盛开，叶片不易掉落。株型中等，一整年都非常容易打理。

'猩红伯尼卡' ('深圳红')

'Scarlet Bonica'

★ ★ ★

分类 F　Type 3

开花习性 四季开花　花色 猩红色

花径 7cm　株高 0.7m

育种信息 玫兰国际月季公司 (法国)，2015年

香味 微香

深红色的花朵在花园中极富视觉冲击力，秋季的花色偏黑。对于花园设计师来说，仅有初夏的一茬花是远远不够的，而'猩红伯尼卡'出色的复花性将满足设计师对理想品种的所有期望。

栽培要点 ————————

株型紧凑，全年持续开花，枝条虽然没有藤性，但是会横向生长，建议在植株周围预留足够的空间。

'樱桃伯尼卡' ⓅⓋⓅ

'Cherry Bonica'

★ ★ ★

分类 S　Type 3

开花习性 四季开花　花色 红色

花径 约6cm　株高 约0.7m

育种信息 玫兰国际月季公司 (法国)，2013年

香味 微香

花朵色彩鲜艳，单朵花的花期长，并且花一茬接一茬地开，可以观赏很久。花瓣在散落之前颜色会变暗。2015年通过 ADR 认证。

栽培要点 ————————

株型紧凑，适合作为灌木培养。一般栽种3年后植株会呈爆发性地增长，如果出现这种情况，需要在冬季对枝条进行重剪，以控制植株的大小。

'我爱你' ^{PVP}

'Tiamo'

★ ★

|分类| HT　Type 3
|开花习性| 四季开花　|花色| 红色
|花径| 约8cm　　　　|株高| 0.8~1m
|育种信息| 科德斯月季公司(德国)，2016年
|香味| 微香

　　花如其名，红色的大花朵深沉鲜艳，充满热情。花瓣很厚实，单朵花的花期长。

栽培要点

　　枝条粗硬，没有藤性，株型中等，多作为直立灌木培养。冬季可对枝条进行重剪。

'迷你绝代佳人'

'Zepeti'

★ ★ ★

|分类| M　Type 3
|开花习性| 四季开花　|花色| 红色
|花径| 3~4cm　　　　|株高| 0.2~0.5m
|育种信息| 玫兰国际月季公司(法国)，2021年
|香味| 微香

　　花量不大，但几乎全年都有花盛开。花瓣不易散落，也不易变脏，颇为难得。叶片像山茶的叶片一样厚实且有光泽。

栽培要点

　　植株生长缓慢，有很强的抗病性。多雨期来临前喷施杀菌剂和除虫剂即可保证植株的健康。花后不会结果，无须及时摘花，几乎可以放任不管。

'月月粉'
'Old Blush'

★ ★ ★

分类 Ch　Type 3
开花习性 四季开花　　花色 粉色
花径 约6cm　　　　株高 0.4~1m
育种信息 不详（中国），1759年以前
香味 中香

春季盛开的红色花朵美得让人心情舒畅。植株高大，是最早被欧洲引种的中国月季品种之一。

栽培要点

'月月粉'是原产于中国的月季选育品种，四季开花，会出现落叶的情况，但是翌年春季会像什么都没有发生过一样，花朵照常盛开。

'玫瑰花园' ⓅⓋⓅ
'Garden of Roses'

★ ★ ★

分类 S　Type 3
开花习性 四季开花　　花色 浅杏色至奶油粉色
花径 8~10cm　　　株高 约0.8m
育种信息 科德斯月季公司（德国），1997年
香味 中香

株型紧凑，花朵美丽，四季开花且有香味，可进行无农药栽培，可以称得上是一款近乎完美的月季。2009年通过 ADR 认证。

栽培要点

植株开花性好，枝条短，叶片少，需要经常摘掉弱枝上的花蕾，以促进叶片生长。注意防范尺蠖类害虫。

'微蓝' ⓅⓋⓅ

'Kinda Blue'

✦ ✦ ✦

分类	HT　Type 2
开花习性	四季开花　　花色 紫色
花径	8~10cm　　株高 约1.2m
育种信息	科德斯月季公司（德国），2015年
香味	微香

强健的植株基部会不断爆出笋枝，最终长成一棵饱满的球形树。

栽培要点

养护时要注意防范天牛。多雨期来临前，多喷施几次预防黑斑病的杀菌剂，以得到更大的花量。

'美丽的科布伦茨姑娘' （'岳之梦'）⒫ᵛᵖ

'Schöne Koblenzerin' ('Gaku no Yume')

★ ★ ★

分类 F　Type 3
开花习性 四季开花
花色 花瓣正面红色、背面白色
花径 约4cm　　株高 约1m
育种信息 科德斯月季公司 (德国)，2011年
香味 微香

　　花瓣正反两面颜色对比鲜明，十分漂亮。单朵花的花期长，花败后花瓣会自然脱落。养护难度低、耐寒，是一款非常优秀的月季品种。

栽培要点

　　植株虽小，但建议把株高控制在 0.5~0.7m。太小的话，不仅树势差，也不容易打理。

'绿冰'

'Green Ice'

★ ★

分类	SM　Type 3
开花习性	四季开花	花色	白色至浅绿色
花径	约3cm	株高	0.6~1m
育种信息	拉夫尔·穆尔（美国），1971年
香味	微香	寒冷地区	枝条难以伸展

　　白色的小花盛开后会逐渐变成浅绿色。通常，变成绿色的花朵会持续开放很久，但这个品种会提早凋谢。

栽培要点

　　将'绿冰'作为微型月季培养的话，需要在冬季对其进行修剪控型。若是不做修剪，放任其生长，几年之后枝条长长，就可以打造藤本造型了。在微型月季中，它属于非常健壮、易养护的品种。

'月夜光影' ^{PVP}

'Shadow of the Moon'

★ ★ ★

分类	F　Type 3
开花习性	四季开花	花色	泛红的淡紫色
花径	5~7cm	株高	约0.9m
育种信息	木村卓功（日本），2019年
香味	微香

　　轻盈的小花次第盛开，单朵花的花期长。秋季气温下降后，仍有大量的美丽花朵盛开。

栽培要点

　　株型小巧紧凑，开花性好，建议在种植的第一年摘除全部花蕾以保证植株长势。成年植株具有更大的观赏价值，建议每月喷洒一次药剂以保证叶片的健康和饱满。

'西彼拉' ^{PVP}

'Sibylla'

★ ★ ★

分类	S　Type 2	
开花习性	重复开花	花色	紫红色
花径	约7cm	株高	约1.1m
育种信息	坦陶月季公司 (德国)，2019年
香味	微香
寒冷地区	枝条勉强可以伸展

　　紫红色的花朵散发出独特的魅力，适合栽种于自然风花园和日式庭院。春季开花，秋季花量会慢慢减少，但只要植株强健，秋季可以享受观果带来的乐趣。

栽培要点

　　这是一款寒冷地区原生玫瑰种间杂交的品种，因此在温暖地区栽培时，要避免植株受到西晒。条件允许的话，最好栽种在只有上午有阳光照射的地方。由于是近年培育出来的新品种，成年植株的形态还不清楚。就目前观察，树势不会特别强，可以作为横向生长的灌木培养。

'斯蒂芬妮·古滕贝格' ^{PVP}

'Stephanie Baronin zu Guttenberg'

★ ★ ★

分类	F　Type 3
开花习性	四季开花
花色	象牙白色、中心粉色
花径	7~10cm	株高	约0.8m
育种信息	坦陶月季公司 (德国)，2011年
香味	微香

　　带有香味的美丽花朵四季盛开，秋花的表现也很惊艳。株型小巧，但是非常强健，抗病性强，即使全程无农药栽培，只要及时摘除花蕾，植株也可以健康成长。

栽培要点

　　枝条会横向生长，栽种前确保周围有足够伸展的空间。若想在植株基部搭配草花，只能选择株型小巧的地被植物。要想欣赏到更多、更美的花，建议每月喷洒一次药剂。

'波尔多' ⓅⓋⓅ

'Deep Bordeaux'

★ ★ ★

分类	F　Type 1		
开花习性	四季开花	花色	深红色
花径	8~10cm	株高	1.5~1.8m
育种信息	科德斯月季公司（德国），2014年		
香味	中香		

鲜艳、饱满的大花朵四季盛开，建议栽种在花园中最显眼的地方，作为花园的亮点。

栽培要点

这是一款迄今为止完美度极高的月季品种。植株强健，开花性好，株型中等，简单易养，只需要确保充足的光照，就能享受花开的美景。植株直立性很好，适合作为直立灌木培养，在狭窄的空间也可以安心种植。

'甜蜜漂流' Ⓟ

'Sweet Drift'

★ ★ ★

分类	M　Type 3
开花习性	四季开花	花色	粉色
花径	6~6.5cm	株高	0.5~1m
育种信息	玫兰国际月季公司（法国），2009年
香味	微香

可爱的小花四季盛开，非常适合花园地栽。无须精心养护，植株也能不断生长，花量也会逐年增加。

栽培要点

这是一款健壮的微型月季。植株非常繁茂，顶部呈圆弧形，落叶期建议在植株基部周围搭配种植羽衣甘蓝和葡萄风信子等小型植物。每月喷洒一两次杀虫剂和杀菌剂并及时追肥，植株能长到1m左右。

'爆米花漂流' ⓅⓋⓅ

'Popcorn Drift'

★ ★ ★

┊分类┊ M　Type 3
┊开花习性┊ 四季开花
┊花色┊ 黄色或奶油白色
┊花径┊ 约5cm　　┊株高┊ 0.4~0.5m
┊育种信息┊ 玫兰国际月季公司（法国），2015年
┊香味┊ 微香

　　盛花期，一个个黄色的花蕾绽放成白色的
花朵。花色虽然淡雅，但惊人的花量如同瀑布，
令人印象深刻。

栽培要点 ————

　　枝条会横向生长，一般会长成直径 0.6~1m 的
馒头形树。叶片不易掉落。植株基部适合搭配种植
耐阴的玉龙草。

'梅子完美'

'Plum Perfect'

★ ★

分类	F Type 2		
开花习性	四季开花	花色	紫色
花径	约8cm	株高	1.2~1.5m
育种信息	科德斯月季公司（德国），2009年		
香味	微香		

单朵花的花期长，花量大且开花性好，建议栽种在花坛的中间位置，作为配角使用。

栽培要点

作为一款强健的丰花月季，植株株型不会太大，容易管理。如果想在秋季欣赏到更多的花，建议每月喷施一两次杀虫剂和杀菌剂。

'公主面纱'

'Princess Veil'

★ ★

分类 F　Type 1
开花习性 四季开花　花色 粉色
花径 8~10cm　株高 0.8~1.8m
育种信息 科德斯月季公司(德国)，2011年
香味 强香

春季的花朵呈莲座状绽放，秋季的花朵呈深杯状，一年可以欣赏到两种不同的花形。花朵姿态优雅，散发出清新的甜香。

栽培要点

植株直立性好，在狭窄的空间可以安心种植，把它牵引到高1.8m左右的柱形花架上，也能有很好的展现效果。如果想在秋季欣赏到更多的花，建议每月喷施一两次杀虫剂和杀菌剂。

'福禄考宝贝' Ⓟ

'Phloxy Baby'

★ ★ ★

分类	M　Type 3		
开花习性	四季开花	花色	粉色
花径	约2cm	株高	0.5~1m
育种信息	威廉·J.拉德勒（美国），2013年		
香味	微香	寒冷地区	枝条难以伸展

植株生命力旺盛，结果的同时还会持续开花，成簇盛放的小花如同福禄考一般可爱，叶片上有茸毛，整体看起来非常柔和，推荐种植在自然风花园和日式庭院中。

栽培要点

植株容易感染叶螨，尽量露天栽培，适当接受雨淋。花后无须修剪，冬季可适当修剪。6年不做修剪的话，植株可以长到1m左右，作为庭院树使用。

'白色绝代佳人' ⓅⓋⓅ

'White Knock Out'

★ ★ ★

分类	F　Type 3	
开花习性	四季开花	花色	白色
花径	约2cm	株高	0.5~1m
育种信息	威廉·J.拉德勒（美国），2009年	
香味	微香	寒冷地区	枝条难以伸展

　　这是"绝代佳人"系列月季之一。开花性好，花量大，花形简单，花色素雅，非常适合用来打造自然风花园和日式庭院。

栽培要点

　　成年植株一般会长到高0.7m左右，种植几年后，基部就不会长出新的笋枝了，下部会显得空旷，可以搭配种植一些小型的花草。

月季
图鉴
1

月季
图鉴
2

月季
图鉴
3

基本
养护
4

花境
设计
5

'薰衣草玫迪兰' ⓅⓋⓅ

'Lavender Meidiland'

★ ★ ★

分类	S　Type 3	
开花习性	四季开花	花色	淡粉色
花径	4~5cm	株高	0.5~0.8m
育种信息	玫兰国际月季公司（法国），2008年	
香味	微香	

　　优雅的小花成群绽放。树下，散落的花瓣将地面"染"成淡粉色；花后，茂密的枝头会结满密密麻麻的小果实。

栽培要点

　　这款月季每年都会爆出强健的新笋枝，不断长大，但长势不会过于迅猛，冬季修剪即可控型。5年不做修剪，植株会长成直径超过1m的圆顶状树，开花之后特别美观。

'我的玫瑰' ^{PVP}
'My Rose'

★ ★ ★

分类	F　Type 3		
开花习性	四季开花	花色	红色
花径	5~7cm	株高	约1m
育种信息	木村卓功（日本），2019年		
香味	微香		

花朵精致，复花性好，夏花也非常漂亮。

栽培要点

株型小巧但直立紧凑，颇有气势，适合盆栽或是种在花坛的前方。小苗即使开了花，植株也能继续长大。生命力旺盛，除了要在多雨期前喷洒药剂以外，无须刻意照料。成年植株可进行无肥料、无农药培养。

'莉拉'
'Lilas'

★ ★ ★

分类	F　Type 3		
开花习性	四季开花	花色	淡粉紫色
花径	7~9cm	株高	0.9m
育种信息	木村卓功（日本），2020年		
香味	中香		

散发着迷人芳香的杯状花朵即使完全打开也不会散。夏花的表现也很出色。

栽培要点

株型小巧紧凑，开花性好，建议在种植的前几年摘除全部花蕾以保证植株长势。待植株成年后，可进行无肥料、无农药培养。可以用花盆栽种，也可以直接地栽，建议种植在花坛的前方。

'温暖' ^{PVP}

'Chaleur'

★ ★

分类 F　Type 3
开花习性 四季开花
花色 花瓣中间呈橙色，边缘呈橘红色
花径 7~9cm　　株高 0.4~0.5m
育种信息 木村卓功（日本），2021年
香味 中香

　　中型花朵在枝头成簇盛开，散发出温和的茶香。暖色系的花朵随着绽放，色调会有所变化，即使是在同一枝头，也有深有浅，多彩绚丽。单朵花的花期长，是水培插花的好材料。

栽培要点

　　这是一款四季开花的直立型丰花灌木月季，植株长势一般，但具有很强的抗病性。只要环境适宜，全年不喷施药物，植株也不会生病，且正常生长，非常适合初学者栽培。株型小巧，建议栽种在花坛的前方。

'丽莎丽莎' ^{PVP}

'Risa Risa'

★ ★ ★

分类 F　Type 3
开花习性 四季开花　　花色 鲑鱼粉色
花径 5~7cm　　株高 约1m
育种信息 木村卓功（日本），2018年
香味 微香

　　轻盈柔美的花朵四季不停地绽放，是能为花园增色的优良品种。

栽培要点

　　株型小巧，枝条会横向生长，适合栽种在花坛的前方。健康植株感染虫害后，喷洒杀虫剂就会逐渐康复，很容易管理。

'日光倾城' Ⓟⓥⓟ

'Rayon De Soleil'

✦ ✦ ✦

分类	F　Type 2		
开花习性	四季开花	花色	黄色
花径	5~7cm	株高	约1.4m
育种信息	玫兰国际月季公司（法国），2015年		
香味	微香		

　　色彩鲜艳的黄色花朵次第绽放，花量非常大。成年植株会长得很高，但直立性很好，即使在狭窄的空间也能种植。

栽培要点

　　夏季叶片会短暂掉落，但后期会重新茂盛起来，无须费心。多雨期前喷施杀菌剂，秋季能欣赏到很多花朵。由于开花性很好，所以需要剪除细枝和夏季的花蕾，以保持植株体力。

'柠檬酒' PVP

'Limoncello'

★ ★ ★

分类	SF　Type 1	
开花习性	四季开花	花色｜黄色
花径	5~7cm	株高｜1.2~1.8m
育种信息	玫兰国际月季公司（法国），2008年	
香味	微香	寒冷地区｜枝条难以伸展

　　花朵随着盛开逐渐由柠檬黄色变为淡黄色，宛如不同颜色的花朵交错绽放，美不胜收。枝条多而细软，花瓣数量少，但花量惊人。单朵花的花期长，整棵植株仿佛被花朵覆盖包裹。

栽培要点

　　作为灌木培养时，冬季可对植株进行修剪控型，养护 6 年后，会得到一棵直径约 1.6m 的圆顶状树。根据植株的大小，可以在基部搭配种植漂亮的一年生草本植物，但不适合栽种宿根草本植物。

　　柔软的枝条还可以牵引至低矮的栅栏上造型，作为藤本养护多年后，也可以用来打造高 2m 左右的大型景观。虽然耗时颇长，但是能够体验到四季开花的藤本月季带来的美好观感，也是十分值得。

'拉里萨露台' ⓅVP

'Larissa Balconia'

★ ★ ★

分类 F Type 3
开花习性 四季开花 花色 淡粉色
花径 约8cm 株高 约0.6m
育种信息 科德斯月季公司（德国），2014年
香味 微香

植株虽矮，但是花朵却不小。饱满的粉色花朵惹人怜爱，是一款造型少见却很耐看的月季。养护起来也非常简单。

栽培要点

植株虽然不大，但根系却异常发达，相比盆栽，更适合直接地栽，种植在花坛的前方。盆栽的话，建议选择直径30cm以上的花盆，并做好预防病虫害的准备，这样也能欣赏到漂亮的花朵。夏季天气炎热时，植株会停止生长，周围最好不要栽种太多花草。

'芳香微风'

Chapter **4**

月季的基本培育方法

本书介绍的几乎都是比较容易培育的月季品种。虽然它们几乎不需要喷施或者仅需喷施少量的化学农药，但如果完全不注意养护，甚至放任不管的话，也会有一定的影响。

因此，最基本的工作是非常有必要的，例如浇水、施肥、修剪等。特别是修剪，根据品种和养护目的的不同，修剪的方法也有所不同。

苗的种类

月季专卖店内一年四季都有各种类型的花苗可供选择。
近几年，随着网上购物的兴起，网购花苗的人也越来越多。
月季苗的种类大致有 4 种，下面介绍一下它们各自的特点。

各类苗在一年之中的流通时期　<small>红色区块代表大量流通的时期</small>

	3月	4月	5月	6月	7月	8月	9月	10月	11月	12月	翌年1月	翌年2月
小苗												
大苗（杯苗）												
盆栽苗			开花苗					开花苗				
高苗（长尺苗）												

大苗

指地栽培育 1 年后挖出重剪再重新上盆的。月季的盛花期是销售花苗的旺季，高人气品种很容易售罄，可以在秋季预约，这样相对容易买到。由于这类花苗是强健的成年苗，因此从栽种后的第一个春季就可以欣赏到一半的花。

小苗

小苗价格便宜，但需要反复摘蕾直到秋季以积蓄养分，适合想要通过培育打造出自己喜欢的造型的人，不适合想要马上就可以观赏到花的人。另外，在面向月季爱好者的少量品种中，有些品种只能通过小苗来获取。

冬季发新芽的小苗的处理方法

　　冬季如果修剪掉所有柔软的枝条，小苗就会变得脆弱。因此，在温暖地区，冬季的新芽可正常养护，开春后修剪掉枯萎的部分即可；在寒冷地区，不建议冬季入手这类小苗，可以在翌年开春后再购买。

开花苗

指带着花朵或花蕾出售的盆栽大苗，更方便我们看到花朵和确认香味后进行选购，并且马上就能享受养花和赏花的乐趣，同时也可以作为礼品赠予朋友。

高苗

指已经在花盆中培育了一段时间的灌木或藤本月季的花苗。这类苗买回来就可以进行牵引，春季可以欣赏到花。但是这类苗的价格和运费相对较高。

基本工具

下面介绍一些养护月季时必要的工具。

合适、顺手的工具能让日常养护工作更加顺利。

皮革手套 根据不同的操作和工作环境使用不同的手套

▲ **长款**
能覆盖到手臂的长款手套。可以将手伸进枝叶茂盛的深处操作。

▲ **短款**
日常的养护工作中经常会用到。手掌部分较厚，刺很难扎进去。

▲ **柔软款**
材质柔软，手指可以自由活动，进行系绳等精细操作时很方便。

剪刀 使用锋利的剪刀会让操作更加得心应手

小刀具 可用来修剪粗枝、根须或打散土球

▲ **文具剪**
用来剪绳子会很方便。

▲ **细枝剪（芽切剪）**
刀尖细但厚，可以剪切细枝或进行细致的工作。

▲ **粗枝剪（剪定剪）**
用于剪断坚硬的树枝或粗根。

※市面上也有跟左侧细枝剪一样款式的粗枝剪，但考虑到实用性，尽量选择上面这个形状的粗枝剪。根据价格的不同，剪刀的锋利度和使用寿命会有所不同。

▲ **剪定锯（小型修剪锯）**
用来处理剪刀剪不断的粗枝，小巧方便。

▲ **根耙**
移栽的时候，用来打散或修整根部土球。

▲ **根锯**
移栽的时候，可用其将土球底部连土一起切掉。

※土球：经过长时间的培育后，植株根系长满花盆，将植株从花盆中拔出后，根系与土会以花盆的形状固定成形，这种形态称为土球。

◀ **刀具清洁剂**
直接喷在布上，擦拭剪刀或锯子的刀刃，可以有效去除刀刃上的污秽，使其恢复原状，延长使用寿命。

盆 塑料盆轻便易操作，
容易控制水量

▲
底部吸水盆
花盆底部能够蓄水，可
以减少浇水的次数。夏
季使用会很方便，到了
初秋，就要取下白色的
塞子排出多余的水。

▲
土铲
带把手的铲子，方便取土。

▲
月季专用盆
底部有很多整齐细小
的狭缝，是具有优越排
水性能的花盆。

绳 藤本月季牵引时使用的绳子。不同的材
质，使用方法也不尽相同

▲
麻绳（粗、细）
质地柔软，方便打结。

▲
棕榈绳
质地很结实的绳子。浸
水后会变软，容易打结。

▲
包塑铁丝捆扎绳
内部有细铁丝，无须打
结。一只手按住树枝后，
另一只手轻松扭动绳子
两端即可进行固定。

喷壶 盆栽植物的需水量远比你想象的要大，
建议选择大容积的喷壶

▲
喷壶（大）
大容积的喷壶用起来更
方便。莲蓬头喷口可以
收纳在把手的下方。

适宜的环境

月季对光、水、土的需求是有硬性要求的。
并且，盆栽用土是有使用寿命的。

光 月季喜欢光照充足的环境。在生长期，叶片在阳光照射下进行光合作用，能充分积蓄营养，长成强健的植株。建议把植株放置于每天可以获得3小时以上光照的室外进行栽培。根据季节的不同，光线会发生变化，所以我们要对盆栽的摆放进行人为的调整。

水 月季的叶片越是茂盛，对水的需求就越大。庭院地栽的话，我们只需要在干燥少雨的季节加强注意。但是盆栽的植株一定不能断水。如果植株健康，一定要坚持每天浇透水，直到有水从盆底渗出。在干燥炎热的夏季，可以在盆里蓄水。如果植株生长变得迟缓，那么在空气充分透进土壤之前要保持土壤干燥，然后再浇水。这一步骤很重要，也就是我们通常所说的"见干见湿"。如果还是无法判断是否需要浇水，可以参照浇水前后花盆的重量。平时经常掂量，慢慢就学会了。

土 庭院地栽的话，可利用不同的肥料和土配比出疏松透气的基质（参照第112页）。如果是盆栽用土，建议一年更换一次。两种栽培方式都需要在冬季进行培土，但如果是在不破坏根部的前提下给盆栽添新土，生长期也可以操作。

---

column

应对强风

对于盆栽的月季，猛烈的强风会将花盆吹倒甚至使其破碎，也会损伤植株的枝叶。在强风来临之前，要提前挪动位置或放倒花盆。对于庭院地栽的月季，强风会折断树枝或让叶片破败不堪，可以用绳子提前把植株捆绑聚拢，以减少强风带来的危害。

盆栽苗的移栽理由

理由 1：为根部生长提供更好的空间

随着幼苗逐渐长大，花盆内月季的根部没有了足够的生长空间。并且花盆越小，植株越容易长大，因此迫切需要换盆移栽。

理由 2：盆栽用土的寿命有限

随着时间的推移，土壤的颗粒会越来越小，供空气和水通过的缝隙会被逐渐阻塞。土壤板结、排水不畅，盆土的寿命也就结束了。

盆栽苗的移栽方法

换新土（11月至翌年 2 月）

打散土球，梳理根系，替换新土重新种植。

换大盆（4—10月）

不要拆解根系，不要破坏土球，直接将苗移栽至大一号的花盆中，预留出根部的生长空间。这种方法只能算是应急处理的办法，尽量还是在冬季进行真正意义上的换土工作。

1 从花盆里取出完整的植株及土球。

2 用根耙轻轻耙开土球，去除 1/2~2/3 的旧土。

※ 也可以用根锯，切下土球下部的 1/4。

盆栽苗的
移栽流程

3

如果新换的花盆与原盆大小相同，可以用剪刀剪除一半的根；如果要移栽到更大的花盆里，只需要轻度修剪一下就可以了。

在根与花盆的空隙填入新土。

4

5

浇透水。

施肥的方法

四季开花的大花品种需要大量的肥料。
而对于庭院地栽的藤本和半藤本品种，肥料过多的话，植株会出现过度生长的情况。
另外，盆栽所用肥料的效力很容易消耗殆尽，因此要经常追加肥料。

一年中的施肥时间

	1月	2月	3月	4月	5月	6月	7月	8月	9月	10月	11月	12月
地栽	冬肥（腐熟堆肥＋底肥）					追肥 ※植株长势不佳的话，在6月追加有机液体肥料						
盆栽	底肥 ※在种植的同时，将底肥混入基质土壤		追肥			追肥		追肥			底肥	

※ 庭院地栽时，植株感染病虫害后叶片会脱落。地栽植株只靠冬肥也能保证一整年的基本营养。

根据使用目的不同，肥料分为两种

1. 改土（或养土）用的肥料

用牛粪、马粪等制作的堆肥可以使庭院里的土变得更加松软，让月季的根系长得更好。盆栽月季一般使用的是直接配好的营养土，不需要考虑这个问题。

2. 培育月季的肥料

一般是肥料成分较浓的底肥和追肥。根据肥料的不同，使用的浓度和施用的时间也不相同，所以在施肥前要仔细阅读使用说明。庭院种植推荐使用有机肥料。

注意适度施肥，液体肥料对盆栽也有效果

适度的肥料可以让植株强健且不易生病。盆栽所用肥料的效力很容易耗尽，所以需要勤施肥料，也就是我们所说的"薄肥勤施"。根据生长阶段的不同，可对肥料进行灵活调整，例如将液体肥料替换成可以让叶片更茂盛的氮肥或是让花开得更好的磷钾肥。

月季不一定是"肥篓子"

很多人称呼月季是"肥篓子"，认为月季喜肥，然后拼命施肥，这是一种误区。喜肥的月季通常是那些大花且四季开花的品种，但如果施肥过量反而会适得其反，导致植株停止生长甚至变弱，对疾病（特别是白粉病）失去抗性，所以一定要注意。

对于一季开花和枝条特别长的藤本月季，庭院地栽时施以冬肥就足够了。

肥料会改变花瓣的数量

肥料施用过多的话，花瓣的数量会明显增加，但有时也会破坏花的形状。一般，在长出下一茬花蕾时，就要开始控制肥料的用量。

在高温的夏季开出来的花，即使肥料的效力还在，花朵也会变小，花瓣数量也会变少。

施肥的方法

　　月季用来吸收肥料养分的是根部细碎的毛细根。盆栽月季施肥要沿着花盆的边缘进行，而庭院地栽的月季则是在叶片繁茂的枝头正下方分 3 处施肥。

　　除非万不得已，不要在同一位置反复施肥，建议有序地在不同方位进行施肥。

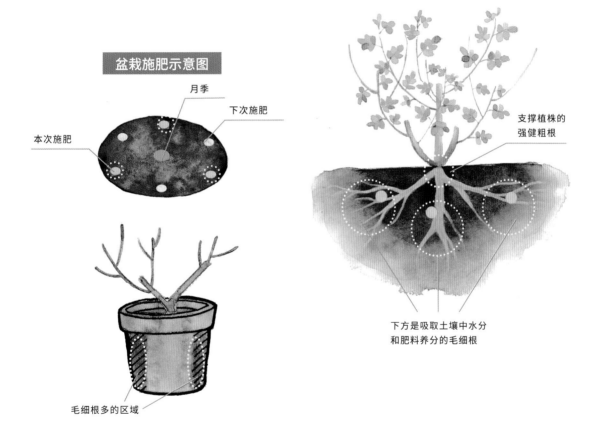

地栽施肥示意图

支撑植株的
强健粗根

下方是吸取土壤中水分
和肥料养分的毛细根

盆栽施肥示意图

月季

下次施肥

本次施肥

毛细根多的区域

---

column

灵活使用肥料

　　缓效性肥料一般施用少数几次就会有效果，所以用起来很便捷。但在低温环境下，缓效性肥料的效力不容易释放，这时候选择液体肥料和速效肥料效果会更好。另外，在大量掉叶和植株偏弱的情况下，使用液体肥料效果更好。

春季到秋季的基本操作

这段时期是月季的生长期，植株强健，枝叶茂密。
花朵会接连不断地开放，直到植株变弱。
让我们来学习下如何让叶片更茂盛、更健康吧。

植株叶片繁茂时，修枝让植株更强健

对苗龄未满 1 年的月季小苗更有效。

POINT

1 大苗也要摘除一半的花蕾

在同时发芽的枝条中，从细弱的枝条开始，按顺序将枝条上的花蕾摘去大约一半，要趁花蕾鲜嫩时摘除。花蕾摘除后，又会重新萌发新枝，长出新叶。

POINT

2 及早剪下做成切花

可在花朵还鲜艳漂亮的时候，将花枝剪下做成切花装饰，在 A~B 这个区间内剪枝即可。有些品种的月季花茎挺立且无侧枝，特别适合做成切花，并且能保持很久。

POINT

3 花后修剪

若植株健康、充满活力，可以让花朵尽情盛开，直至颜色褪去后再修剪，在 A~B 这个区间内修剪即可。但若植株长势不佳、缺乏活力，则要多保留些叶片，并尽早修剪。

POINT

4 新笋的处理

花期里植株基部突然长出粗壮的新枝，且长势极快，这种现象我们称之为"爆笋"。如果让新枝顶端开花，那么花量会大打折扣。当然，不同的品种性状不一，如果笋枝特别高且不怎么开花，可以暂不处理。

修剪位置示意图

根据植株的强健程度和养护目的进行适当修剪。

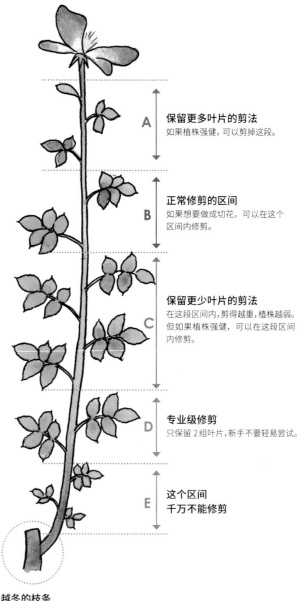

A 保留更多叶片的剪法
如果植株强健，可以剪掉这段。

B 正常修剪的区间
如果想要做成切花，可以在这个区间内修剪。

C 保留更少叶片的剪法
在这段区间内，剪得越重，植株越弱。但如果植株强健，可以在这段区间内修剪。

D 专业级修剪
只保留 2 组叶片，新手不要轻易尝试。

E 这个区间千万不能修剪

越冬的枝条

植株过于强健时的修剪方法

在半藤本月季品种中，植株过于强健的情况很常见。虽然修剪枝叶能让其看起来更规整，但是也不能一次性把叶量修剪到一半以下。

POINT

1 尽量让花朵常开

开花不仅能够消耗养分，还能延缓新枝条的生长速度。新笋枝开花（右图 A）也有同样的效果。

POINT

2 把花枝剪得更短一些

在右图 C（可参考第 114 页）的位置修剪。剪得越短越能抑制枝条的长势。

POINT

3 强笋枝的修剪（右图 B、C）

如果强健的粗笋枝长到抬头都看不见花蕾的地步，可以暂且拦腰修剪一半。但是，一季开花的品种最佳修剪时间是 8 月上旬。重复开花的品种 9 月下旬就可以复花。当然，如果作为藤本培养的话，尽量不要进行修剪，将笋枝留长。（日本关东地区的标准）

叶片的保护

疾病会根据植株品种和环境条件的不同而有不同表现。无论是多么强健、结实的品种，若发现有虫子蚕食叶片，一定要及时清除。

白粉病一般是因嫩枝叶受干燥冷风吹袭而导致的，黑斑病多半是因成熟的叶片长时间处于湿润的环境条件下而引发的。在寒冷地区，如果植株感染了新芽白粉病，就要在下次新芽萌发出来的时候，每月喷洒一次预防白粉病的药，直到开花为止。在温暖地区，如果叶片上出现黑斑继而脱落的话，即使是在多雨期，也要每隔一周喷洒两次预防黑斑病的药物。如果没有效果的话，那么除了冬季和盛夏以外，每个月喷洒一两次杀菌剂。

一季开花的藤本月季不施用农药也没有关系。

新笋枝不同形态的修剪方法

修剪的方法视品种、强健度、季节等具体情况而定。

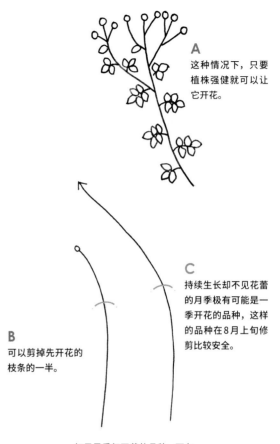

A

这种情况下，只要植株强健就可以让它开花。

C

持续生长却不见花蕾的月季极有可能是一季开花的品种，这样的品种在 8 月上旬修剪比较安全。

B

可以剪掉先开花的枝条的一半。

如果是重复开花的品种，可在 9 月修剪。

column

轻松培育盆栽月季的技巧

如果种植的是强健的月季品种，只要把药铺在土表，植株既不容易生虫也不容易生病，可以做到轻松地培育月季。

冬季的基本操作

冬季的操作主要是施肥和牵引、修剪枝条。
冬季是月季的休眠期，无论如何修剪植株都不会枯死。
因此，新手也不用过度担心，勇敢去尝试吧。

只有年龄小的枝条才可以通过牵引、修剪的方式来控制枝条的生长方向和开花量。3年以上的枝条会逐渐变硬（木质化），难以进行牵引造型。是重剪牺牲花量，还是尽可能多保留枝条多开花，完全取决于主人的养护意图。

> **牵引、修剪的最佳时间**
>
> · 一季开花的藤本月季
>   12月下旬至翌年1月（在长出新芽之前完成）
> · 四季开花、重复开花的品种
>   1—2月

牵引　掌握牵引的技巧，欣赏爆花的美景

下面介绍一种通过牵引藤本月季枝条来控制植株开花的方法，也是让植株更容易开花的技巧。

月季的枝头和更靠近天空的芽容易聚集养分，我们称之为顶端优势。了解这个特性，就能学会调整藤本月季开花的方法。

对于藤本月季，我们对长枝条进行牵引，对短枝条进行修剪。

对于灌木月季，我们需要把修剪后枝条的末端散落在想要开花的地方，然后进行固定。

| 牵引示意图 **A** | 四季开花、重复开花的品种通常这样操作 |

【 A-1 想集中养分时】

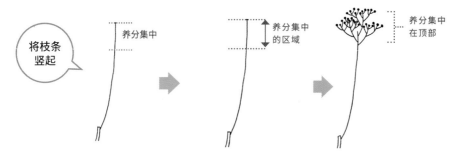

【 A-2 想分散养分时】

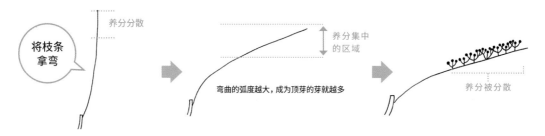

修剪　一季开花品种和其他品种的修剪方式有所不同

一季开花的品种

　　每隔几年需要修剪处理掉一半的旧枝条和细弱枝，尽量不要修剪上一年长出的新枝。如果修剪这部分新枝，可能导致植株不开花。

四季开花、重复开花的品种

　　通过修剪枝条来调整开花位置。由于新芽会从剪断的枝条末端萌发，尽量避免修剪后的萌芽枝接收不到阳光。枝条越粗壮，萌发出来的新芽就越多，有的甚至可以长出 3~5 个新芽。

　　操作熟练以后，可以在不重复的位置剪枝，控制枝条生长的方向以打造平衡的开花姿态。

　　具体的操作参见下方修剪示意图 B。

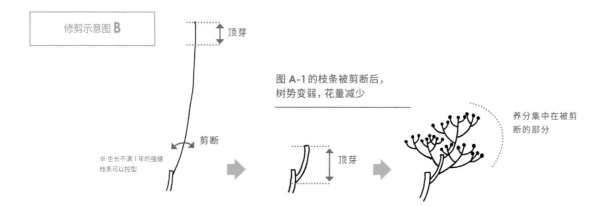

修剪示意图 **B**

顶芽

剪断

※ 生长不满1年的强健枝条可以控型

图 **A-1** 的枝条被剪断后，树势变弱，花量减少

顶芽

养分集中在被剪断的部分

✂ POINT　四季开花、重复开花品种的修剪与管理

半藤本品种的修剪

　　植株越有活力，春季的花量就越大，夏季就容易长出藤性枝条。如果想把它作为灌木培养的话，一定要在冬季将其修剪为原来的形状，削弱其长势，延缓枝条伸展的时间，使之变成更易开花的形态。对于半藤本品种，一定要严格控制春季以后的施肥量。

细枝的修剪

　　不同的月季品种，开花枝的粗细也有所不同。我们要仔细观察修剪后剩下的枝条究竟多细才不会开花，那么下次就能准确判断出枝条的修剪程度。

枯枝要经常修剪

　　修剪枯枝无特定的时间，只要发现枯枝就要及时修剪处理掉。

枝条修剪的程度要根据根部的发达情况而定

盆栽　根系不发达

　　植株的根部被限定在了有限的空间内，数量较难增加，因此无论什么品种的植株枝条都应尽量重剪。新爆的笋枝留下 20~40cm 长就足够了，如果有被老枝遮挡而影响采光的枝条，一定要将其剪掉，以增强采光和通风。另外在没有新笋枝的情况下，前一年长出来的枝条务必保留 3 个芽点后修剪多余部分。

地栽　根系很发达

　　地栽植株的根系会很庞大且强健，要尽可能保留更多的枝条。对于植株强健且没有藤性枝条的大型灌木品种，要充分保留强健且健康的枝条；对于长势强健的藤本品种，要尽量把老枝剪短，保留新枝，并逐步用新枝替换老枝。

　　关于能否爆出新的笋枝，不同的养护环境及管理方法下，不同的品种会有不同的表现。

不同品种的生长方式和管理方法

月季的树形大体上分为藤本树形、半藤本树形和直立树形。

不同的树形，其管理方法也不尽相同。

在栽培不同月季的时候，请参考以下定义。

月季的外表区分

A 树形

月季在自然环境下的生长形态
- **藤本月季**：现代藤本、古老藤本
- 半藤本月季：大型灌木
- 直立月季：小型或丛生灌木

B 培养类型

人为选择月季的培养类型
- 作为灌木培养（不包含一季开花的品种）
- **作为藤本培养**

藤本这个词有两层含义

藤本月季
- 能长出很长的枝条
- 枝条柔软，没有直立性

作为藤本培养
将枝条在拱门等攀爬架上有序固定，进行造景。

月季的本质区分

C 一季开花品种

秋季的花芽就已经决定了翌年春季的开花量

一般只在春末夏初开花。

※ 在一个季节中循环开花的品种，我们也将其归纳到一季开花品种。

D 四季开花、重复开花品种

这类品种具备经常开花的能力

如果环境适宜，植株全年可以连续或不定期复花。

※ 多季开花的现代月季是通过不断地杂交选育或是植株变异而诞生的园艺品种。野生种大部分不具备这种特性。

【C 一季开花品种】

　　这类品种不具备多季开花的特性。花期过后，养分充足，枝叶会不断生长。秋季后冒出的新芽就已经孕育了翌年春季的花朵，如果在秋季修剪枝条，就会失去大量花朵。因此，如果像四季开花品种那样进行冬剪，第二年就完全不会开花了。

【D 四季开花、重复开花品种】

　　目前大部分月季属于这一类型。植株开花次数越多，花朵所消耗的养分就越多。相应地，叶片吸收的养分变少，也就难以茂盛生长。这类月季的花朵会出现在新枝条的芽尖，而枝条的顶端孕育花蕾也就意味着叶片停止了生长。这类月季最大的缺点是在病虫害增多的夏季及以后，由于花朵消耗了养分，植株会多次停止生长（不长新

叶）。如果长出花蕾的时候叶片就已经开始脱落，那么后续可能连长出叶片的养分都没有了。

　　至目前为止的部分传统四季开花品种在花期最盛的时候，叶片会因黑斑病而大量脱落，而仅存的部分促进新叶生长的养分又被第二茬花蕾所吸收。植株失去大量叶片，难以进行光合作用，导致养分减少，继而停止生长。幸运的是，近年来培育出的新品种，叶片在花落以后还保留着，并将养分的接力棒传递给下一级分枝。这一特性对初学者来说特别友好。

　　作为灌木培养的月季在冬季修剪时要最大限度活用这一类型"修剪即可产生花芽"的特性。冬季将枝条都剪掉，翌年不仅能开花，而且由于养分都积蓄在了剩下枝条的少数芽点上，开出的花会更多、更大。

即使选择四季开花的强健品种，也要牢记：

1. 枝条越弱越不开花

2. 及时去除吃叶片和芽尖的虫子

---

column

不定期复花的野生种

　　生长在日本北海道到茨城海岸的浜茄子和南部岛屿的硕苞蔷薇在花期会遭受到海浪的拍打和海盐的侵蚀，花期过后会零星复花。虽然一季开花的月季有其独特的优点，但这样的恶劣环境很可能导致其灭绝，因此在这种生存环境下，它们的复花性

是有道理的。

　　有一些树种，比如紫薇，虽然无法四季开花，但花蕾众多且次第开放，花期持久。但它在园艺上的应用远远不如月季重要，且由于没有什么病虫害，也很难被大家所关注。

浜茄子

一季开花的藤本月季

一季开花的品种虽然在非花期会让人感觉荒凉冷清，
但是其在有限的时间里精彩绽放的灿烂身姿足以演绎一出好戏。
我们在这里介绍一下高苗地栽后的修剪和牵引方法。

🔋 植株体能标识

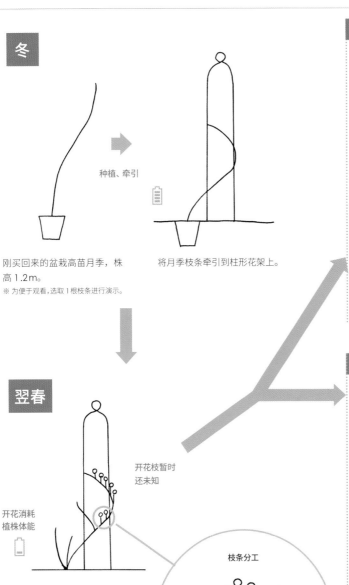

冬

种植、牵引 🔋

刚买回来的盆栽高苗月季，株高1.2m。
※ 为便于观看，选取1根枝条进行演示。

将月季枝条牵引到柱形花架上。

翌春

开花消耗植株体能 🔋

开花枝暂时还未知

花芽抽出，新枝开始生长。

枝条分工

开花、结果的枝条

← 上一年的健壮枝条

夏季不修剪，直接进行牵引

我们经常听到"藤本月季会在又粗又壮的新枝上开花，所以要修剪掉细小的枝条"的说法。其实，这只是针对大花品种。根据品种的不同，也有很多在细小枝条上开花的品种。

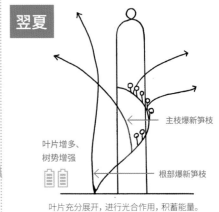

翌夏

主枝爆新笋枝

叶片增多、树势增强 🔋🔋

根部爆新笋枝

叶片充分展开，进行光合作用，积蓄能量。

夏季修剪，缩小植株形态

夏季若要进行修剪，无霜地区可在9月上旬操作，寒冷地区通常在7月上旬进行。

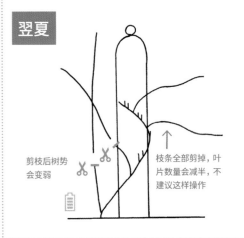

翌夏

剪枝后树势会变弱 🔋

枝条全部剪掉，叶片数量会减半，不建议这样操作

一季开花品种的特征

- 如果想要植株变小，务必在夏季之前进行修剪
- 冬季修剪的话花量会变少
- 花朵小的品种，即使是细小的枝条也能开花
- 越粗壮强健的藤本品种，根部越是无法产生花芽

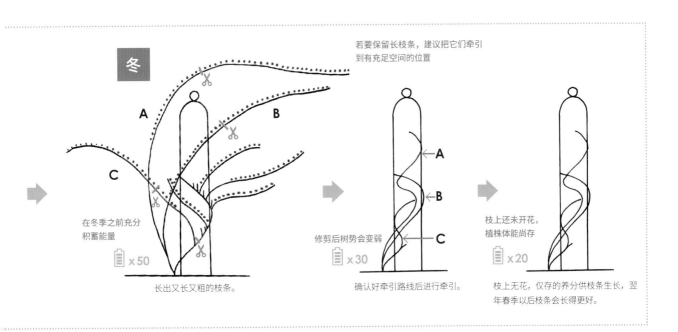

冬

若要保留长枝条，建议把它们牵引到有充足空间的位置

A
B
C

在冬季之前充分积蓄能量

🔋 x50

长出又长又粗的枝条。

A
B
C

修剪后树势会变弱

🔋 x30

确认好牵引路线后进行牵引。

枝上还未开花，植株体能尚存

🔋 x20

枝上无花，仅存的养分供枝条生长，翌年春季以后枝条会长得更好。

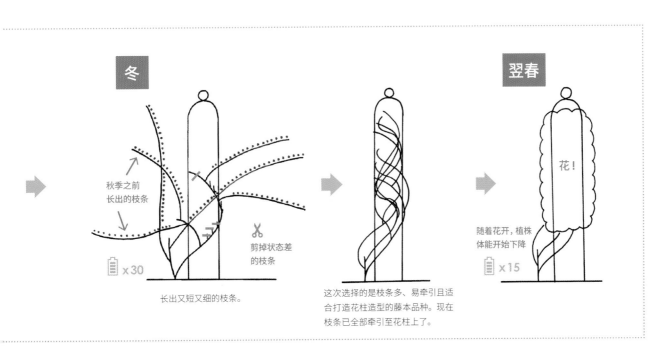

冬

秋季之前长出的枝条

🔋 x30

长出又短又细的枝条。

剪掉状态差的枝条

这次选择的是枝条多、易牵引且适合打造花柱造型的藤本品种。现在枝条已全部牵引至花柱上了。

翌春

花！

随着花开，植株体能开始下降

🔋 x15

直立或半藤本月季

春季第一茬花开败后，如果植株状态好，会陆续复花。
此时可调整花蕾的数量以增加叶片的数量。
下面将为大家演示各种不同的修剪方法。

🔋 植株体能标识

【生长期】4—10月

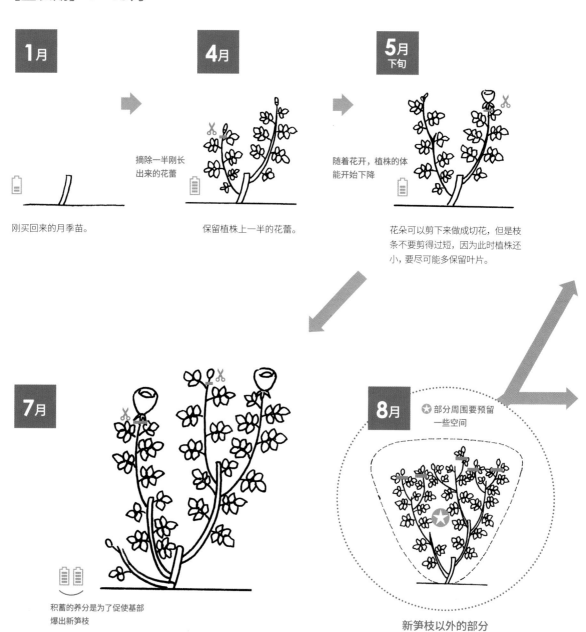

1月

刚买回来的月季苗。

4月

摘除一半刚长出来的花蕾

保留植株上一半的花蕾。

5月 下旬

随着花开，植株的体能开始下降

花朵可以剪下来做成切花，但是枝条不要剪得过短，因为此时植株还小，要尽可能多保留叶片。

7月

积蓄的养分是为了促使基部爆出新笋枝

8月 ★部分周围要预留一些空间

新笋枝以外的部分

直立月季基部长出笋枝并开花

建议在第一年剪掉一半的花蕾以减少养分的流失。

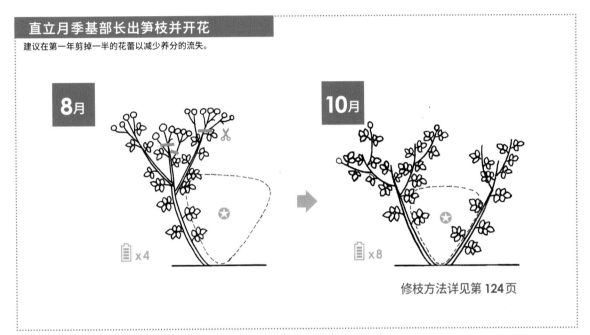

修枝方法详见第 **124** 页

半藤本月季基部长出笋枝并开花

花量不大，即使全部开花也不会消耗多少养分。

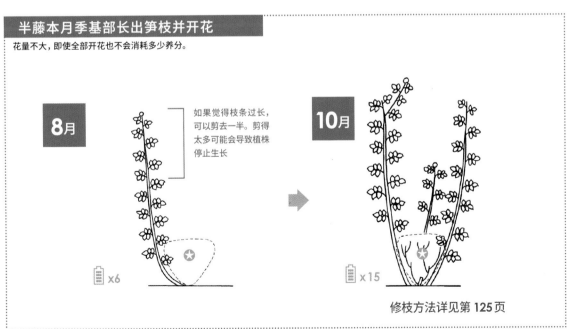

如果觉得枝条过长，可以剪去一半。剪得太多可能会导致植株停止生长

修枝方法详见第 **125** 页

【休眠期】 12月至翌年2月

直立月季基部长出笋枝

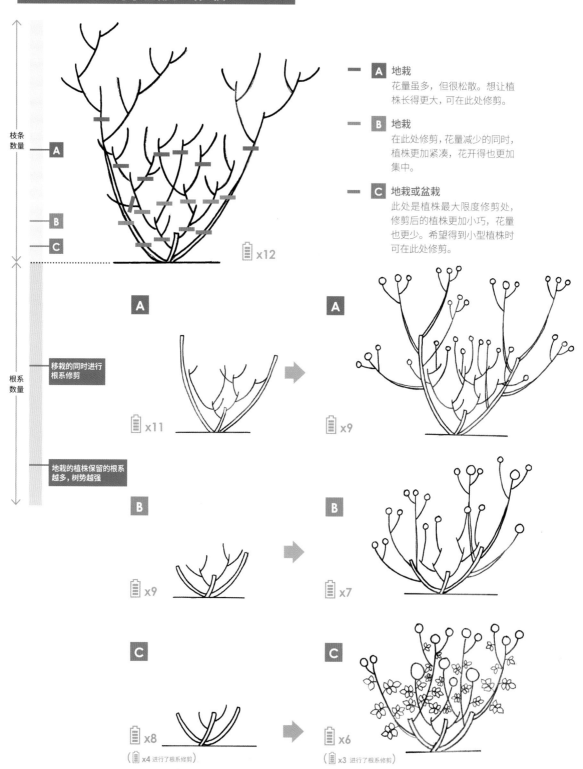

枝条
数量

A

B

C

根系
数量

移栽的同时进行
根系修剪

地栽的植株保留的根系
越多，树势越强

A 地栽
花量虽多，但很松散。想让植株长得更大，可在此处修剪。

B 地栽
在此处修剪，花量减少的同时，植株更加紧凑，花开得也更加集中。

C 地栽或盆栽
此处是植株最大限度修剪处，修剪后的植株更加小巧，花量也更少。希望得到小型植株时可在此处修剪。

x12

A x11

A x9

B x9

B x7

C x8

(x4 进行了根系修剪)

C x6

(x3 进行了根系修剪)

半藤本月季基部长出笋枝

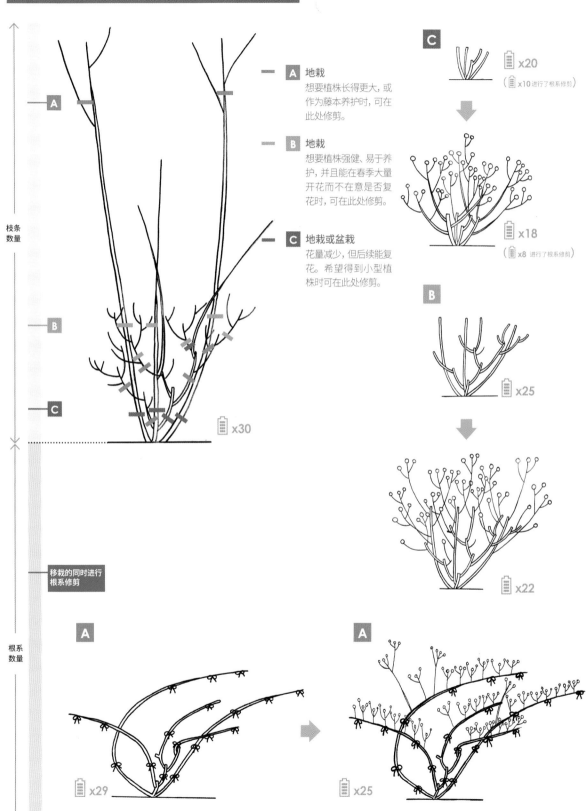

A 地栽
想要植株长得更大，或作为藤本养护时，可在此处修剪。

B 地栽
想要植株强健、易于养护，并且能在春季大量开花而不在意是否复花时，可在此处修剪。

C 地栽或盆栽
花量减少，但后续能复花。希望得到小型植株时可在此处修剪。

枝条数量

根系数量

移栽的同时进行根系修剪

x30

x20
（ x10 进行了根系修剪）

x18
（ x8 进行了根系修剪）

x25

x22

x29

x25

控制藤本月季的枝条长度

如果想在大范围内进行牵引造型，需要枝条长得更长。

相反，如果牵引范围较小，使用相对短一点的枝条能更快地完成操作。

让枝条长得更长的方法

方法 **1**
种植空间
相对狭小

枝条过长，
枝头下垂

竖直牵引，让枝头的芽点
成为顶芽

由于顶端优势，顶芽会
进一步向上生长

※ 这种方法的缺点是
枝条过多时会导致叶
片互相重叠，光合作
用效率会降低。

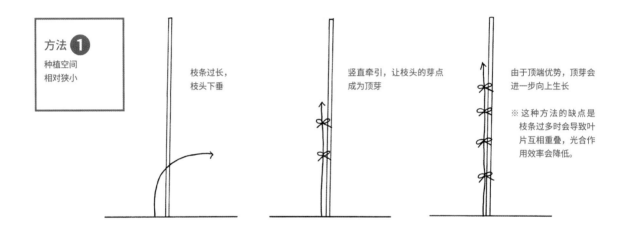

方法 **2**
种植空间充裕

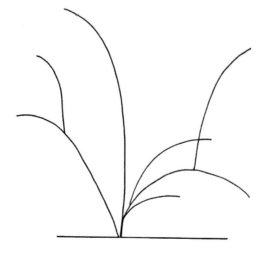

先不牵引，让枝条充分自由伸展。这样
做的好处是所有叶片都能得到充足的
光照，最大程度进行光合作用。

这样培养两三年后，植株整体会呈现巨
大的圆顶状，后期可以从中选出又粗又
长的枝条进行牵引。

让枝条又短又多的方法　　※ 寒冷地区不推荐

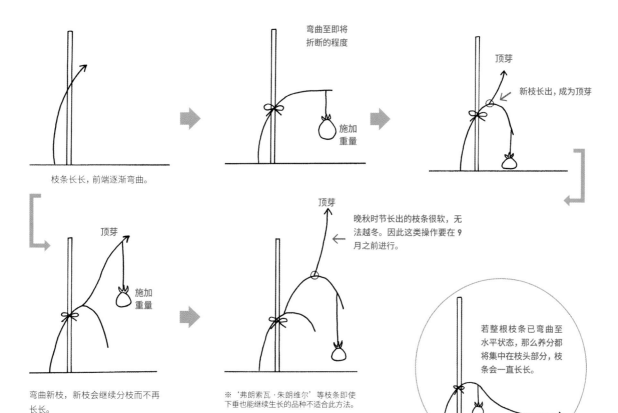

枝条长长，前端逐渐弯曲。

弯曲至即将折断的程度

施加重量

顶芽

新枝长出，成为顶芽

顶芽

施加重量

弯曲新枝，新枝会继续分枝而不再长长。

顶芽

晚秋时节长出的枝条很软，无法越冬。因此这类操作要在 9 月之前进行。

※ '弗朗索瓦·朱朗维尔'等枝条即使下垂也能继续生长的品种不适合此方法。

若整根枝条已弯曲至水平状态，那么养分都将集中在枝头部分，枝条会一直长长。

column

花芽的形成

除了一季开花的品种，其他品种花芽形成的时期都不相同。

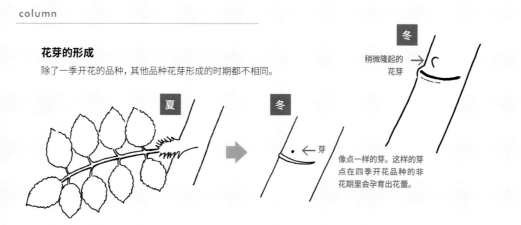

夏

冬

← 芽

冬

稍微隆起的花芽 →

像点一样的芽。这样的芽点在四季开花品种的非花期里会孕育出花蕾。

每组叶片的底部几乎都有腋芽。一季开花的品种如果在初秋之前长出饱满的芽点，那就一定是花芽。

与此相对，四季开花、重复开花的品种开花之后还能长出花芽。即使冬季剪枝，翌年春季也有花开。

'拉里萨露台'

Chapter 5

月季花境设计

将迷人的月季作为花境的主角，让花境的魅力升级。我们要充分考虑花境的形状、光照情况及周围景色等诸多因素，从全局规划花境。

本章将为大家介绍 5 个月季花境设计案例，大家可以选择与自己花园最为契合的方案，直接模仿或是参考亮点，打造出属于你的美丽月季花境。

如何看懂月季清单

- 淡粉色系
- 深粉色系
- 红色系
- 黄色系
- 白色系
- 橙色、杏黄色系
- 紫色系

手绘图中的月季

用盆栽的方法，开启你的造园之路

使用盆栽月季打造花境，拥有美景的同时还能轻松管理。

月季清单

· 选择株型适中的四季开花品种。
· 花盆内不要混栽其他植物，养护
  管理更轻松。

■ '格雷特'
■ '拉里萨露台'
▨ '甜蜜漂流'
■ '樱桃伯尼卡'
▨ '公主面纱'
  '安德烈·葛兰迪耶'
■ '重瓣绝代佳人'
□ '若望·保禄二世'
  '日光倾城'
■ '波尔多'
■ '红色达·芬奇'
■ '杏子糖'
■ '明日香'
■ '大公夫人露易丝'
🌹□ '斯蒂芬妮·古滕贝格'
■ '令之风'

🌹 手绘图中的月季
🍃 手绘图中的其他植物

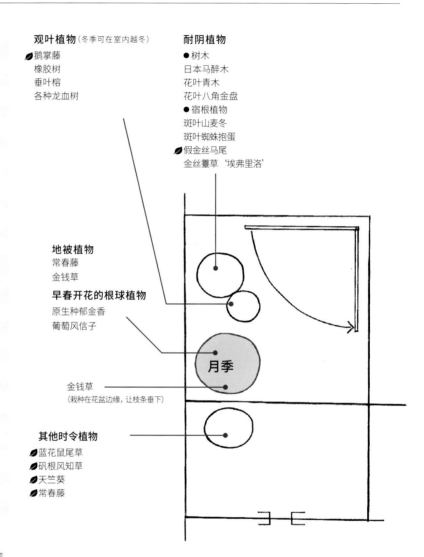

观叶植物（冬季可在室内越冬）
🍃 鹅掌藤
  橡胶树
  垂叶榕
  各种龙血树

耐阴植物
● 树木
  日本马醉木
  花叶青木
  花叶八角金盘
● 宿根植物
  斑叶山麦冬
  斑叶蜘蛛抱蛋
🍃 假金丝马尾
  金丝薹草 '埃弗里洛'

地被植物
常春藤
金钱草

早春开花的根球植物
原生种郁金香
葡萄风信子

月季

金钱草
（栽种在花盆边缘，让枝条垂下）

其他时令植物
🍃 蓝花鼠尾草
🍃 矾根风知草
🍃 天竺葵
🍃 常春藤

column

摆放在屋檐下的月季更容易养护

在公寓的阳台、门廊或有顶的车棚等有屋檐的地方种
植的月季，由于不会遭受雨淋，患上黑斑病的概率会
降低。如果觉得露天种植打理困难，不妨换个位置，
只要光照充足，这些地方也是很好的选择。

房屋门口的布置会给拜访的客人留下第一印象。因此，不仅要装扮上花朵和彩叶植物，还要考虑彼此的搭配，使其互相映衬、相得益彰。如果此处每天能有 3 小时及以上的直射阳光，那一定要考虑装扮上迷人的月季。

常绿的观叶植物和彩叶灌木能够打造出立体的效果，但切记不要让它们影响月季的采光。

在月季的非花期，就来欣赏其他花草的美丽身姿吧。春季到秋季之间，可根据喜好每两三个月更换一次搭配的花草；晚秋到翌年早春，即使不更换也能长期欣赏到美丽的景色。

 N

用1株月季点亮小小花境

只要种上1株月季，花境就会瞬间闪耀。

月季清单

选择株高能达到1m及以上的灌木月季。

- ■ '樱桃伯尼卡'
- □ '心碎'
- ▢ '柠檬汽水'
- ■ '童话魔法'
- ■ '重瓣绝代佳人'
- ▨ '亮粉绝代佳人'
- ▢ '安德烈·葛兰迪耶'
- ■ '梅子完美'

- ■ '诺瓦利斯'
- ■ '大公夫人露易丝'
- ■ '波尔多红酒'
- ■ '杏子糖'
- ■ '微蓝'
- ■ '红色达·芬奇'
- 🌹■ '汉斯·戈纳文玫瑰'

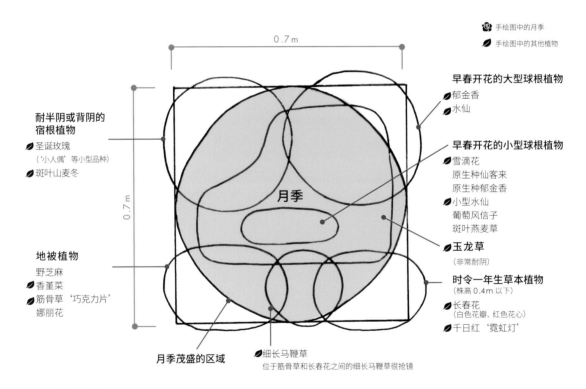

🌹 手绘图中的月季
🍃 手绘图中的其他植物

0.7m

0.7m

耐半阴或背阴的宿根植物
- 🍃 圣诞玫瑰
  （'小人偶'等小型品种）
- 🍃 斑叶山麦冬

地被植物
- 野芝麻
- 🍃 香堇菜
- 🍃 筋骨草'巧克力片'
  娜丽花

月季

月季茂盛的区域

🍃 细长马鞭草
位于筋骨草和长春花之间的细长马鞭草很抢镜

早春开花的大型球根植物
- 🍃 郁金香
- 🍃 水仙

早春开花的小型球根植物
- 🍃 雪滴花
  原生种仙客来
  原生种郁金香
- 🍃 小型水仙
  葡萄风信子
  斑叶燕麦草
- 🍃 玉龙草
  （非常耐阴）

时令一年生草本植物
（株高0.4m以下）
- 🍃 长春花
  （白色花瓣、红色花心）
- 🍃 千日红'霓虹灯'

---

column

肆意生长的地被植物

　　有些地被植物扩展能力强，逐渐繁茂之后无法与其他小型植物共存。右侧标记有★的植物可以种植在月季植株（圆顶状月季树除外）的基部。

薄荷属植物（株高0.4~0.6m）
美国薄荷属植物（株高0.4~0.7m）
锥托泽兰（株高0.2~0.5m）
★络石属植物（株高约0.2m）
★千叶兰属植物（株高0.2~0.3m）

在月季的周围，巧妙根据不同季节及光照条件合理搭配其他植物。例如：月季的基部及北侧属于背阴处，尤其是在月季枝叶繁茂的时候，可以在此处搭配耐阴植物；晚秋到翌年早春是月季的落叶期，此时要选择这段时间有叶可赏的植物（如郁金香等）来搭配。另外，月季的叶片可能存在被虫蚕食或因病掉落的情况，因此向阳的地方尽量选择不容易被太阳晒伤的植物。

为了充分展现月季的树姿，植株基部不要栽种横向生长的植物。另外，圆顶树形的月季基部不适合进行混栽。

基部混栽的植物建议选择株高在月季树高（除去花的高度）1/3以下的草花。

月季落叶后，这个区域从冬季到翌年早春光照都会很充足。

这个区域光照充足，尽量选择能够开花的植物。花朵竞相开放，非常热闹。当然，在花期过后依旧很美的地被植物也是不错的选择。

搭配花柱，打造立体花境

小型的四季开花月季搭配花柱，即使空间再小也可以打造出时尚的立体造型。

花境的尺寸：长 2m× 宽 2m
花柱的尺寸：直径 0.3m× 高（地面部分）2m

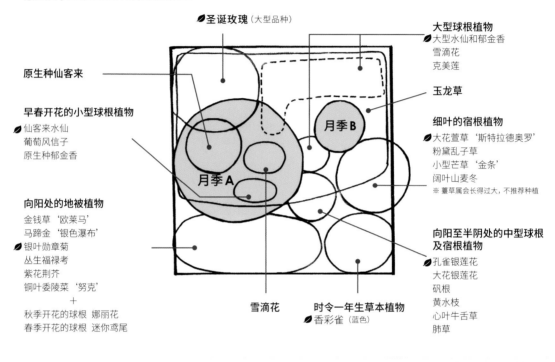

🍃圣诞玫瑰（大型品种）

大型球根植物
🍃大型水仙和郁金香
雪滴花
克美莲

原生种仙客来

早春开花的小型球根植物
🍃仙客来水仙
葡萄风信子
原生种郁金香

玉龙草

细叶的宿根植物
🍃大花萱草'斯特拉德奥罗'
粉黛乱子草
小型芒草'金条'
阔叶山麦冬
※ 薹草属会长得过大，不推荐种植

月季 B

月季 A

向阳处的地被植物
金钱草'欧莱马'
马蹄金'银色瀑布'
🍃银叶勋章菊
丛生福禄考
紫花荆芥
铜叶委陵菜'努克'
＋
秋季开花的球根 娜丽花
春季开花的球根 迷你鸢尾

向阳至半阴处的中型球根及宿根植物
🍃孔雀银莲花
大花银莲花
矾根
黄水枝
心叶牛舌草
肺草

雪滴花

时令一年生草本植物
🍃香彩雀（蓝色）

月季清单 A

🌹 手绘图中的月季
🍃 手绘图中的其他植物

月季清单 B

- ▨ '格雷特'
- ▢ '斯蒂芬妮·古滕贝格'
- ▩ '拉里萨露台'
- ▨ '甜蜜漂流'
- ▪ '樱桃伯尼卡'
- ▨ '一见钟情'
- ▪ '童话魔法'
- ▨ '重瓣绝代佳人'
- '橙汁鸡尾酒'
- '安德烈·葛兰迪耶'
- ▪ '梅子完美'

- ▪ '波尔多'
- ▪ '杏子糖'
- ▪ '微蓝'
- 🌹 ▢ '若望·保禄二世'
- '日光倾城'
- ▪ '红色达·芬奇'
- ▨ '薰衣草玫迪兰'
- '索莱罗'
- ▨ '柠檬酒'
- ▨ '汉斯·戈纳文玫瑰'

- ▲▢ '宇宙'
- ●▪ '亮粉绝代佳人'
- ▪▪ '红色达·芬奇'
- ▪▪ '玛丽亚·特蕾莎'
- ▲ '索莱罗'
- ●▪ '浪漫艾米'
- ▪ '照耀'
- 🌹 ▪▪ '樱衣'
- ●▪ '灰姑娘'
- ▪▢ '克里斯蒂安娜公爵夫人'

▲ 生长缓慢，但推荐种植的品种
● 生长较慢的品种
■ 生长较快的品种

打造花柱造型时，建议从花柱下方1/3处开始向上牵引枝条，这样花柱顶部开花效果最好。下方区域可以选择种植大型的宿根植物。虽说是大型植物，但叶片通常都集中在地面附近，只有花朵直立向上绽放，因此不会影响到月季的生长。

大型宿根植物栽种在月季植株后方1m处为宜。

栽种冬季到翌年春季生长的植物。

栽种稍大一些的花草，使空间更加饱满。

最前方栽种花期较长的一年生草本植物和彩叶植物。

用月季花海打造一场视觉盛宴

利用大型攀爬架打造出高低错落的层次，即使再小的空间也能华丽无比。

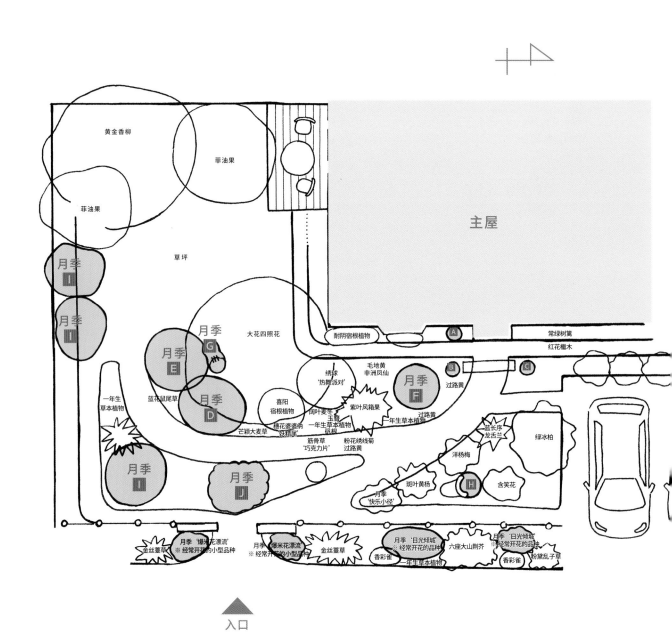

黄金香柳

菲油果

菲油果

月季

月季

草坪

主屋

月季

大花四照花

耐阴宿根植物

常绿树篱
红花檵木

月季 G

毛地黄
非洲凤仙

月季 F

绣球
'热舞派对'

过路黄

A

B

C

月季 E

蓝花鼠尾草

喜阳
宿根植物

月季 D

阔叶麦冬
玉簪

紫叶风箱果

一年生草本植物

过路黄

一年生
草本植物

穗花婆婆纳
'妖精屋'

一年生草本植物
矾根

蓝长序
龙舌兰

绿冰柏

芒颖大麦草

筋骨草
'巧克力片'

粉花绣线菊
过路黄

洋杨梅

月季

斑叶黄杨

月季 H

含笑花

月季 I

月季 J

月季
'快乐小径'

入口

金丝薹草

月季 '爆米花漂流'
※ 经常开花的小型品种

月季 '爆米花漂流'
※ 经常开花的小型品种

金丝薹草

月季 '日光倾城'
※ 经常开花的品种

六座大山荆芥

月季 '日光倾城'
※ 经常开花的品种

香彩雀

一年生草本植物

香彩雀

粉黛乱子草

月季清单

A 【窗前】
选择少刺的木香花

🌹 ■ 重瓣黄木香
　■□ 重瓣白木香
木香花在其他月季盛开的时候就谢了。

B 可以覆盖高 2 m 的拱形架
的品种

●■ '小红帽'
■■ '弗洛伦蒂娜'
●■ '藤本乌拉拉'【推荐】
🌹 ■■ '亚斯米娜'
●■ '爱玫胭脂'
■ '照耀'
■□ '白色龙沙宝石'
■■▓ '芳香微风'

C 覆盖拱形架直立部分的品种

🌹 ●▓ '浪漫艾米'【推荐】
●■ '灰姑娘'
■■ '樱衣'
●■ '夏莉玛'
●■ '亮粉绝代佳人'
●□ '克里斯蒂安娜公爵夫人'
▲□ '宇宙'
▲ '柠檬酒'
▲ '索莱罗'
■■ '红色达·芬奇'

D 在树下等光照不足处也能生
长良好并开花的稍大型品种

　 '橙汁鸡尾酒'
■ '诺瓦利斯'
■ '婚礼的钟声'
🌹 ■ '红色达·芬奇'
▓ '贝弗利'【推荐】
■ '丽娜·雷诺'
▓ '弗朗西斯·玫兰'

▓ '玛丽娅·特蕾莎'

E 宽敞处选择枝条柔软、植株
茂盛、开花性好的品种

■ '格雷特'
■ '薰衣草玫迪兰'
■ '汉斯·戈纳文玫瑰'
🌹 ■ '柠檬酒'【推荐】
　 '索莱罗'
■ '一见钟情'
■ '亮粉绝代佳人'

F 房屋入口处装点有香味且高
度不遮挡窗户的品种

■ '玫瑰花园'
🌹 ■ '童话魔法'【推荐】
■ '波尔多'
■ '杏子糖'
□ '斯蒂芬妮·古滕贝格'
▓ '明日香'
■ '大公夫人露易丝'

G 沿着柱形花架生长的品种
花朵在大花四照花的枝条下绽放,大花四照花的
开花长枝控制在 3 根左右

▓ '亚斯米娜'
🌹 ■ '弗洛伦蒂娜'【推荐】
□ '新雪'
▓ '樱衣'
▓ '羽衣'
▓ '龙沙宝石'
□ '白色龙沙宝石'

H 适合装点高 2 m 的柱形花架
的品种

●■ '浪漫艾米'【推荐】
●■ '灰姑娘'
■■ '樱衣'
●▓ '夏莉玛'

●■ '亮粉绝代佳人'
■□ '克里斯蒂安娜公爵夫人'
▲□ '宇宙'【推荐】
▲ '柠檬酒'
▲ '索莱罗'
■■ '红色达·芬奇'

I 可以在外侧透过栅栏欣赏的
品种

■ '童话魔法'
■ '重瓣绝代佳人'
　 '橙汁鸡尾酒'
🌹 ▓ '诺瓦利斯'【推荐】
植株很大,可以当树篱使用

■ '婚礼的钟声'
　 '安德烈·葛兰迪耶'
■ '波尔多'
(可在旁边单独种一棵)

■ '红色达·芬奇'
▓ '玛丽娅·特蕾莎'
▓ '贝弗利'
▓ '弗朗西斯·玫兰'

J 这是一个相对狭窄的花坛,
从入口处俯视欣赏,宜选择
重复开花且枝条不会横向延
伸的品种

🌹 ▓ '格雷特'
▓ '甜蜜漂流'
■ '猩红伯尼卡'
■ '樱桃伯尼卡'【推荐】
■ '重瓣绝代佳人'
□ '白色绝代佳人'
▓ '福禄考宝贝'
■ '拉里萨露台'

▲ 生长缓慢,但推荐种植的品种
● 生长较慢的品种
■ 生长较快的品种

🌹 手绘图中的月季

在宽敞的花园里用大型藤本月季造景时，不仅要巧妙利用不同树木的颜色和形状进行搭配，还要考虑到树木生长过程中对月季采光的影响。月季是落叶植物，可以在房屋门口处搭配种上常绿树作为隔断。为了不让冬季的花园显得寂寥，要合理利用冬季也能生长且不落叶的常绿植物为花园增亮添彩。

设计案例 **5** 搭配石景和水景，打造和风庭院

有走廊的和式建筑中，石景、水景和月季相映成趣。

月季清单

充满野趣的单瓣月季和花形简单、自然的月季都很合适搭配在和风庭院中。

- ▤ 缫丝花
- 🌹▤ 山椒蔷薇
- ☐ '淡雪'
- ▤ '肯迪亚·玫迪兰'
- ▤ '索莱罗'
- ▤ '粉红漂流'
- ▤ '罗莎莉·拉莫利埃'
- ☐ '冰山'
- ▤ '亮粉绝代佳人'
- ☐ '重瓣绝代佳人'
- ▤ '一见钟情'
- ■ '樱桃伯尼卡'
- ▤ '内乌莎'
- ▤ '萤火虫'
- 🌹 '柠檬汽水'
- ▤ '月月粉'
- ▤ '福禄考宝贝'
- 🌹☐ '白色绝代佳人'
- ■ '薰衣草玫迪兰'
- ▤ '柠檬酒'
- 🌹▤ '迷你绝代佳人'

🌹 手绘图中的月季

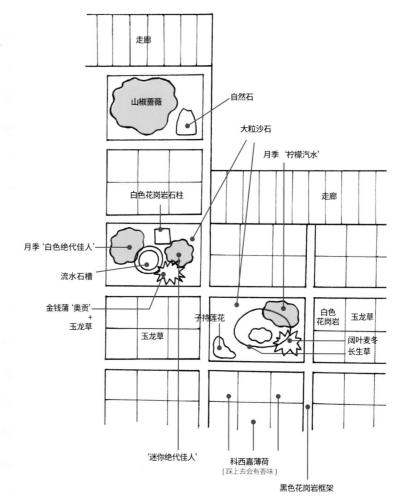

走廊

山椒蔷薇

自然石

大粒沙石

月季 '柠檬汽水'

白色花岗岩石柱

走廊

月季 '白色绝代佳人'

流水石槽

金钱蒲 '奥贡'
+
玉龙草

子持莲花

玉龙草

白色花岗岩

玉龙草

阔叶麦冬
长生草

'迷你绝代佳人'

科西嘉薄荷
（踩上去会有香味）

黑色花岗岩框架

"看似平凡简洁，实则富有细节"正好
对应日式空间美学中的"做减法"。整体环
境艳而不涩，与月季的搭配相得益彰。

这座庭院的北侧在夏季也
有充足的光照。如果家里有一
个宽阔的北侧庭院，可以考虑
建一座月季花园。

白色的花岗岩踏脚石与玉龙草以方格图案交叉
排列布局。之所以选用玉龙草，是因为即使月季长得
再高大、再茂盛，也不会对玉龙草产生太大影响。而
月季落叶期光照充足，玉龙草会长得更好，但一定要
注意不能让玉龙草缺水而干枯。

N or N

索引

图书在版编目（CIP）数据

人人都能轻松种植的玫瑰月季/（日）村上敏著；
程石译 . — 武汉：湖北科学技术出版社，2022.6
（绿手指玫瑰大师系列）
ISBN 978-7-5706-1974-0

Ⅰ . ①人… Ⅱ . ①村… ②程… Ⅲ . ①玫瑰花—观赏
园艺②月季—观赏园艺 Ⅳ . ① S685.12

中国版本图书馆 CIP 数据核字 (2022) 第 069128 号

作者　村上敏

　　日本京成月季园园长，负责月季的培育及海外宣传业务。
他致力于推广月季栽培，将多年从事月季培育工作的宝贵心
得与经验，用易于理解的方式向爱好者介绍宣传，经常在日本
NHK 电视节目《趣味园艺》及日本各地的研讨会上授课。著有
《藤本玫瑰月季造景技巧》等畅销园艺图书。

人人都能轻松种植的玫瑰月季
RENREN DOU NENG QINGSONG ZHONGZHI DE MEIGUI YUEJI

责任编辑: 张荔菲
美术编辑: 张子容　胡　博

出版发行: 湖北科学技术出版社
地　　址: 湖北省武汉市雄楚大道 268 号出版文化城 B 座 13—14 层
邮　　编: 430070
电　　话: 027-87679412
印　　刷: 湖北新华印务有限公司
邮　　编: 430035
开　　本: 889×1092　1/16
印　　张: 9
版　　次: 2022 年 6 月第 1 版
印　　次: 2022 年 6 月第 1 次印刷
字　　数: 180 千字
定　　价: 68.00 元

（本书如有印装质量问题，请与本社市场部联系调换）